西萨·佩里和他的建筑

西萨·佩里和他的建筑

[美]泰德·怀特恩 （Ted Whitten）/ 编

付云伍 / 译

广西师范大学出版社 images Publishing

· 桂林 ·

图书在版编目(CIP)数据

西萨·佩里和他的建筑/(美)泰德·怀特恩(Ted Whitten)
编;付云伍译. —桂林:广西师范大学出版社,2018.1
  ISBN 978 - 7 - 5598 - 0268 - 2

  Ⅰ.①西… Ⅱ.①泰… ②付… Ⅲ.①建筑设计--作品集-美
国-现代 Ⅳ.①TU206

中国版本图书馆 CIP 数据核字(2017)第 226490 号

出 品 人:刘广汉
责任编辑:肖 莉
助理编辑:季 慧
版式设计:吴 茜
广西师范大学出版社出版发行

(广西桂林市五里店路 9 号   邮政编码:541004)
(网址:http://www.bbtpress.com)

出版人:张艺兵
全国新华书店经销
销售热线:021 - 31260822 - 882/883
恒美印务(广州)有限公司印刷
(广州市南沙区环市大道南路 334 号   邮政编码:511458)
开本:635mm×965mm   1/8
印张:38.5   字数:67 千字
2018 年 1 月第 1 版   2018 年 1 月第 1 次印刷
定价:298.00 元

目录

前言

泰德·怀特恩

来自康涅狄格州纽黑文的泰德·怀特恩是一位建筑师和作家,他不仅有着住宅设计的实践经验,还常年为一些建筑和设计类的书刊撰稿。

对于一个建筑师来说,观演建筑是所有设计中最具挑战性和最有价值的建筑类型之一。它是一种标志性建筑,践行了对社会的艺术和文化承诺。它需要令人难忘、非凡独特的建筑表现力。同时,它也是技术含量极高的建筑,将台前幕后、彩排空间、教室、休息大厅、餐饮区域、装卸和停车设施等剧院的多功能需求整合为一体。一个成功的剧院项目离不开艺术家、导演、各种机构和捐助者的合作。但是合作者们对于如何更好地实现目标,却各自怀有不同的看法和观点。因此,设计团队需要最高水平的领导力,做好功能性和表现力之间的协调工作。可见,设计一个令人满意的观演建筑绝非易事。然而,当首演之夜的大幕徐徐升起,当身着正装的观众和嘉宾们激情喝彩时,也是建筑师职业生涯中最有成就感和价值感的时刻。

因此,这些建筑必须是为表演而生的。它们不仅为表演和表演者提供了场地,它们本身也必须是一种表演。它们就像一部高性能运转的机器,与各种类型的表演者产生共鸣,无论是独奏艺术家,还是表演瓦格纳的歌剧或者马勒的交响曲的管弦乐队和合唱团。它们还必须为用户、观众和制作公司提供良好的服务功能,使它们能够方便高效地到达这里、停留在这里并离开这里。在一定程度上,所有这一切都是通过各种构造形式而取得的,正是这些不同的空间形式构成了这种特殊的建筑。

几乎是在25年前,一次十分偶然的机会,西萨·佩里和他的建筑事务所设计了第一个观演建筑——北卡罗来纳州布卢门撒尔表演艺术中心。当时,他正在设计位于夏洛特市中心的美国银行总部大楼,一些当地的文化组织找到了他的事务所,希望在邻近地点设计一个表演艺术中心。从那时起,佩里的事务所设计了众多功能完善的表演艺术中心,从夏洛特、辛辛那提、代顿到迈阿密、麦迪逊和爱荷华城,它们遍布于美国的众多城市和大学。它们还将这些经验应用于其他的剧院、教堂、表演艺术院校和娱乐场所的设计之中,成为表演艺术领域的领军设计团队之一。

尽管佩里-克拉克-佩里事务所与后来夏洛特的客户有着看似偶然的相遇,但是对于事务所来说,肩负观演建筑的设计使命只是个时间的问题。到20世纪90年代,西萨·佩里的事务所已经成为世界上最著名的建筑事务所之一。虽然他们的业务范围主要以大厦和总部建筑最为著名,但无论是在城市还是在校园,他们在世界各地设计的各种类型的建筑和环境都有着令人尊敬的良好声誉。

这些丰富的经验与西萨·佩里独特的设计方法结合在一起,避免了在设计中采用标志性的风格(在那个"明星建筑师"的时代,这是一种非常罕见的特点),使他们极好地适应了这种最不寻常的建筑设计类型。

事务所在夏洛特所学到的(以及在第一次尝试中设法做到的和难以忘怀的)就是,观演建筑的设计是与众不同的和具有挑战性的。就性质而言,剧院和音乐厅提出的功能和技术要求影响了包括它们本身在内的整个建筑。在礼堂设计中，设计师必须专注于大厅的形状、比例和规模，及其对音响效果、视线和观众舒适度的影响。在幕布的背后，是舞台、动态空间（通常有几层高）、后台、布景工作室、排练室以及为巡回演出准备的装卸设施。把几个这样的演出大厅集中放在一起，就解决了整个综合建筑的表现力问题，包括大厅的内部体验及其在校园或城市中的风貌。并且，人们会从中认识到观演建筑设计的挑战性。

正是这样的特性，使佩里-克拉克-佩里事务所十分适合设计这样的项目。他们在大型综合项目上的经验，使他们有能力管理一只为观演建筑设立的大型顾问团队，不仅包括结构和机械工程师，还有剧院规划师、声学家和照明设计师。更重要的是，他们在设计过程中强调合作、听取客户意见和开放的思想。他们以全新的眼光看待每一个新的设计任务，丝毫不带任何先入为主的预见。这种意愿使每一个项目形成了自身独有的特色。与此同时，无论是在爱荷华、德保罗这样的大学里，还是在迈阿密、盐湖城和芝加哥这样的城市里，它们都成为深受当地社区喜爱的文化中心。佩里-克拉克-佩里事务所在解决观演建筑设计的根本问题时，也进行了诸多创新。从夏洛特开始，他们在项目中重新引入了令人瞩目的剧院顶棚元素。几百年来，顶棚都是剧院最具表现力的组成部分：人们会想到巴黎歌剧院或者维也纳金色大厅覆盖着五彩缤纷壁画的顶棚。然而，随着现代主义的到来，以及向大型化和多功能化大厅发展的趋势，顶棚设计中的传统表达方式越来越少。佩里-克拉克-佩里事务所巧妙地运用了具有声学穿透力的材料和早期的LED照明系统，在没有影响大厅技术性能的情况下，再现了传统的顶棚设计。

在接下来的篇幅中，本书将以图文并茂的形式对这些各式各样的精选项目进行详细介绍。我们通过会议的图片、模型、草图和材料的展示，试图捕捉到西萨·佩里和他的事务所在高度合作的设计过程中所呈现的特色。我们还奉献了四篇由事务所的客户和合作伙伴撰写的文章：它们分别来自于令人尊敬的剧院规划师和舞台照明设计师理查德·皮尔布罗，他还是剧院项目咨询公司的创始人；著名的声学家拉里·科克加德；爱荷华大学著名的表演艺术中心——汉彻大礼堂的执行董事查尔斯·斯旺森；以及德保罗大学戏剧学院的院长约翰·卡伯特。所有这些素材汇聚在一起，为我们描绘了这种非同寻常的建筑，以及佩里-克拉克-佩里事务所在这一设计领域中取得的辉煌成就。

剧院建筑师

理查德·皮尔布罗

对于我的剧院项目团队来说，与西萨·佩里、弗雷德·克拉克、米奇·赫希以及他们具有出色合作能力的同事相遇，是一个具有重大意义的时刻。在20世纪80年代初期，我们的剧院项目公司在美国的剧院咨询领域还是一个新生儿。

我在1957年创立了自己的公司，起初专注于舞台的照明设计（我是英国这一行业的先驱者之一）。后来，我们逐渐将业务扩展到舞台声效和剧院所必需的其他技术方面。1962年，场景投影的技术创新将我带到了百老汇，并与传奇的制片人兼导演哈尔·普林斯相遇，并成为他在伦敦的合租伙伴，在伦敦西区制作了大量成功的节目，其中包括《去往论坛路上的趣事》《屋顶上的提琴手》《卡巴莱》和《伙伴》等。由此，剧院项目公司成为西区的顶级制作者。作为一个具备专业技术优势的公司，我们还涉足了剧院咨询领域，帮助客户和他们的建筑师设计新的剧院建筑。

在20世纪的英国，从30年代至60年代期间，几乎没有新建的剧院建筑。尽管如此，经过10年的发展，具有现代功能的建筑学已经创造了一种新的剧院设计风格，与之前几个世纪剧院建筑的发展大相径庭。

剧院建筑简史

自莎士比亚时代以来，剧院建筑经历了一代又一代的发展和演变，但是唯有一条规则一直保留至今：剧院必须具有亲密的氛围，必须是一个观众尽可能以最近距离围绕在演员周围的场所。在人工放大技术出现以前，观众们都希望能够看清并听清演员的现场表演。到了20世纪初期，随着城市人口的不断增长，欧美国家的剧院也变得越来越大。但是，它们仍然通过多层的楼座以及侧面的包厢使观众尽可能地靠近舞台。剧院建筑需要大量的专业建筑师，譬如英国的弗兰克·马彻姆和C．J．菲普斯，还有美国的赫茨&塔兰特和赫伯特J.克拉普等。这些建筑师很少受到公众或者同行的关注和赞誉，但是他们却创造了奇迹，缔造了具有人性化尺度、舒适惬意的剧院空间。他们深入理解建筑空间产生的心理效应，尊重三维空间内亲密氛围至上的原则和传统，并以此为基础进行设计建造。

在19世纪末期，剧院建筑开始发生改变。创造力丰富的作曲家理查德·瓦格纳在拜罗伊特建造了自己的歌剧院。这是第一个完全从正面观看演出的剧院，取消了侧面的包厢和楼座。紧接着，随着电影的发明和迅速普及，以前难以支付昂贵演出门票的广大民众也可以体验到欣赏剧院演出的感受，从而加速了此类剧院的发展趋势。这些新型的建筑对功能的追求高于一切，并且反对过多的装饰。因此，到了20世纪20年代，剧院的设计已经简化为影院风格的礼堂。50年来，几乎所有的新剧院都是以所谓的工程标准进行设计的：设有从正面观看的舞台，取消侧面的包厢，并将楼座的层数降至最低。

理查德·皮尔布罗是一位国际知名的舞台灯光设计师、作家和剧院设计顾问，也是一位戏剧、电视和电影出品人。他创立的剧院项目公司是世界一流的剧院规划咨询机构之一。

当我刚开始做剧院咨询工作时，英国正在掀起剧院建设的热潮。我为很多上演地区性剧目的剧院提供了咨询建议服务，其中最为著名的是劳伦斯·奥利维尔爵士在伦敦南岸建造的大不列颠国家剧院。最初，我只是关注舞台制作的技术细节。几年之后我愈发感觉到，尽管我们的剧院性能越来越高效，但是似乎缺乏我们先辈的剧院所具有的激情和氛围。的确如此，虽然正面观看舞台的视线很好，但是后排的座位似乎过于遥远。在伦敦西区或者百老汇最好的剧院里、在场场爆满的剧院里，哪里才是观众赏剧最佳位置？

在美国，情况似乎同样糟糕。在全国范围内，影院风格的礼堂成为一种时尚。只有纽约的林肯中心打破了这一模式。大都会歌剧院和纽约州立剧院（现称戴维·H. 科赫剧院）原本打算采用按照正面视线设计的空间，后来总经理鲁道夫·宾和舞蹈总编乔治·巴兰钦分别要求他们的建筑师回归传统的剧院风格，恢复了古典音乐厅常见的多重环形楼座和包厢。

从1962年开始，我有幸作为一名灯光设计师在百老汇工作。凭借国家大剧院的国际知名度，剧院项目公司开始在全世界范围内开展了剧院咨询顾问工作。预想到美国这一行业的成熟和复杂程度，我一直不愿以顾问的身份进入美国市场。直到20世纪70年代末期，我才开始认识到，我们从传统中寻求灵感去设计新剧院的原则可能会获得成功。

首先是加拿大的多功能剧院——卡尔加里表演艺术中心（现名艺术空间）项目，然后是俄勒冈州波特兰的项目，它们使我深信采用传统多层楼座和侧面包厢的方法是行之有效的，极好地增进了演员与观众之间的亲密关系。

多功能大厅

在20世纪80年代末期，多功能大厅的声誉并不是很好，一种流行的说法是"多用途意味着毫无用途"。这些场地可以用于交响乐、芭蕾舞、歌剧、音乐剧和大众娱乐的表演。但是，实际上它们对于每一种类型的表演都不是最佳选择。然而，几乎所有的美国城市都拥有这样的多功能大厅。它们通常都能够容纳2000名以上的观众，规模十分庞大，外观类似谷仓，并拥有影院风格的空间。从最远的坐席上看到的表演者非常渺小；而试图满足一切演出的声学效果也极其糟糕，无论是对于普通的讲话，还是对于流行音乐和古典交响乐。简而言之，它们沉闷乏味、过度庞大，对于任何一种表演艺术来说都是差劲的剧院，更何况对于所有的表演艺术。

纽约建造了大都会和州立两个传统的歌剧院。1985年，明尼苏达州的圣保罗建造了奥德维表演艺术中心，据说这个由建筑师本·汤普森和声学家拉里·科克加德设计的建筑受到了米兰斯卡拉歌剧院的启发和影响，它确实拥有真正的环绕楼座。我知道从历史上看，欧洲所有的剧院都适合各种类型的演出。难道回归传统去创造21世纪的多功能音乐大厅，大胆"回到未来"的时机已经成熟？

北卡罗来纳布卢门撒尔表演艺术中心，夏洛特

坐落在北卡罗来纳州夏洛特市的布卢门撒尔中心，是我们在美国新建的剧院项目团队的第一个设计任务。也是我们与佩里-克拉克-佩里建筑事务所的第一个合作项目（当时被称为西萨·佩里&合作联盟）。它将作为一个多功能城市街区开发项目的组成部分。

在20世纪80年代末期，夏洛特是一个拥有30万人口的繁华城市。为此，我们设计了一个可以容纳2100名观众的抒情剧院（用于歌剧、芭蕾和音乐剧）。此外还为夏洛特剧团提供一个设有500个座位的演出场地。不过，很多当地人士希望这里能够拥有2700甚至3000个座位。该市的一位议员认为必须为社会底层的观众设置一些廉价坐席（预计设在后排）。我大胆地反驳了这位议员，认为每一位观众都应该拥有同样的机会享有上等的座位，而不是位置极差的座位。而距离舞台46米之遥，确实是一个劣等的座位。

我们的主要用户和客户是由马克·伯恩斯坦领导的夏洛特交响乐团。当时，夏洛特已经拥有一座可以容纳2700名观众的巨大扇形多功能剧院——欧文斯大礼堂。马克要求我们的新剧院具有更高的品质。另外，如果只是复制欧文斯大礼堂的座位数量，将是十分荒唐的做法。这个新的设施将主要用于艺术节目的表演，而那些为了商业利益而寻求最多观众的演出，可以继续使用欧文斯大礼堂。

正是在夏洛特，我们与佩里-克拉克-佩里建筑事务所开启了硕果累累的长期合作。它是一个知名度极高的事务所，总部设在康涅狄格州的纽黑文，与我们设在里奇菲尔德的康涅狄格办公室非常邻近。除了设计观演建筑，该事务所还在毗邻地带设计了美国银行总部大楼和创始人大厅，后者是一个巨大的、光彩照人的室内购物中心，使这个街区更加完美。这是佩里-克拉克-佩里建筑事务所的第一个剧院项目，西萨是一位出色的合作者，他的搭档弗雷德·克拉克和设计团队的领导人米奇·赫希以及他们手下的员工也都是优秀的合作伙伴。我们将会努力引导他们进入剧院设计的神秘世界。

建设场地的条件受到很大制约，办公大楼占据了街区的前部和中部，这些剧院只能沿着街区的一侧紧密地排列在一起。结果，大剧院刚好挤进了街区。最终，观众席的数量问题也得到了解决，因为这里的可用空间根本无法容纳2100个以上的座位。尽管如此，还是有必要限制管弦乐队席位的规模。这让我想起了一个先例：伦敦大剧院。虽然对它的"毁誉"颇为盛行，但是它通过高高升起的正厅后排座位，限制了管弦乐队的区域。以此为出发点，我们的设计合作伙伴布莱恩·霍尔提出了一种亲密性极强的剧院概念——当你站在舞台上的时候，很难相信这里会有如此之多的座位。

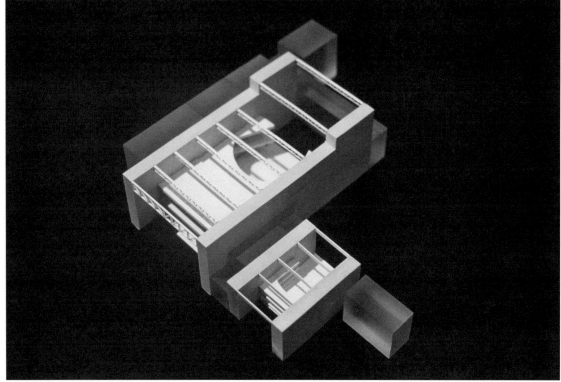

上图：俄亥俄州辛辛那提阿罗诺夫艺术中心的宝洁（P&G）音乐大厅截面模型（1995年）

下图：辛辛那提阿罗诺夫艺术中心的概念模型，显示了宝洁音乐大厅与更小一些的贾森-卡普兰剧院之间的

关系，它们被一道巨大的砖墙彼此隔离

后来，媒体将这个剧院的设计描述为"为了营造亲密的氛围和世界级的音响效果，而采用的当代欧洲的马蹄形布局。"最远的座位距离舞台没有超过41米。

西萨和他的同事们都是制作视觉盛宴的大师。剧院设计的关键元素是一个配置了大约2400盏灯光的穹顶，在观众的头顶之上编织了一张光彩夺目的光纤灯具网络。

来自芝加哥的拉里·科克加德是一位声学家。与剧院项目公司在设计中进行了愉快的合作。另外，我们将管弦乐厅设计为一个巨大的单体结构，整个空间的后端是一个风琴造型的立面，并且提供了管弦乐平台的升降功能。这些设施都设置在舞台的后面，并通过滑轨滚动，这些滑轨隐藏在舞台的下面，是为了实现快速高效的舞台切换而制作的。

在拥有2100个坐席的贝尔克剧院后面，是只有434个坐席的布斯剧场。它可以作为舞台空间，还可用于卡巴莱歌舞表演，并具有三围剧场的功能。这里不仅可以举办诸如戏剧、舞蹈、合唱以及音乐合奏等多种表演，还可以承办各种会议、研讨会和讲习活动。

与佩里-克拉克-佩里建筑事务所合作的其他几个多功能大厅也接踵而来。佩里也很快便成为美国顶级的剧院建筑师。他们满腔热情地了解并掌握表演艺术的复杂需求，同时以严格的预算标准创造卓越非凡的建筑。

阿罗诺夫中心，辛辛那提

辛辛那提的阿罗诺夫中心希望拥有2700个座位，这样庞大的规模听起来有些可怕。起初，我拒绝了这样一个大型的剧院项目，但是在董事会女主席的一再坚持下，我们决心在这个星球上设计和创造一个最具亲密感并且可以容纳2700名观众的剧院。通过宽阔的座位布局，我们尽可能使更多的座位靠近舞台，舞台的前部区域也十分宽大，似乎要将整个大厅吞噬。最终，我们获得了成功。

阿罗诺夫中心的第二个舞台是非常美妙的贾森-卡普兰剧院，它有一个小型庭院般的平面布局，但是却有着非同一般的高度，这极其适合室内音乐的音效需求。对布拉格庄园剧院的拜访曾令我着迷，1787年，莫扎特在那里亲自指挥了歌剧《唐璜》的世界首演。这是一个经典的马蹄形布局的剧院，但是十分狭窄并且举架很高。这些使我们在贾森-卡普兰剧院的设计中受到了很大的启发。

舒斯特中心，代顿

我们与佩里-克拉克-佩里建筑事务所合作的下一个项目是俄亥俄州代顿市的舒斯特中心，该中心于2002年建成开放。在布莱恩·霍尔的领导下，我们的团队创造了一座拥有2300个座位、设备完善的舞台剧院，并具有承办大型巡回演出的能力。

序曲艺术中心，麦迪逊

在2005年前后，剧院项目公司与佩里-克拉克-佩里建筑事务所在威斯康星州麦迪逊的序曲艺术中心项目中进行了合作。对这个现有的精品建筑进行重新改建和利用，并建设一些新的剧院。项目计划包括新建一座设有2250个席位的全新的多功能剧院（序曲大厅）；翻新一座拥有800个座位的多功能剧院（国会剧院）；翻新一座可容纳350名观众并带有伸缩舞台的剧院（娱乐剧场）；新建一座设有200个座位的儿童剧场（圆形舞台）；新建一座拥有200个坐席的灵活性好的剧院（长廊大厅）；此外还有一座当代艺术博物馆。在序曲大厅，从剧院场景到交响乐场景的切换是通过音响反射板来实现的，迄今为止，这是我们最为大胆的设计：这是一个存放在舞台后部的一个巨大结构，可以向前滚动到舞台的前部，连同管风琴一起形成一个完整的音乐会场景。

变调：南岸剧院和国油管弦乐厅

最后，还有两个与众不同的项目：南岸剧院和国油管弦乐厅。前者位于加州科斯塔梅萨，包括为南岸剧团设计的拥有320个座位的朱莉安娜·阿吉罗斯舞台剧院。这是一个非凡的、具有亲密氛围的小型话剧院，其灵感来自于百老汇的剧院，但是进行了微缩处理，并以传统剧院的设计方法表现出非常现代的建筑风格。

第二个项目是精美别致的国油管弦乐厅，可以容纳863名观众，位于世界著名的马来西亚吉隆坡双子塔内。这个经典的传统鞋盒形大厅巧妙地隐藏着一个秘密。在看似实心，实则具有良好声学穿透性的顶棚上面，设置了七块大型的可移动面板，随着音响设备音量的显著增大，它们通过移动可以改变空间的声学回响效果。

剧院设计

现场演出剧院的复杂性可以与医院的高科技手术室相比。但是在我们的"手术室"里，"患者"是清醒的，而且必须尽情享受这一过程。

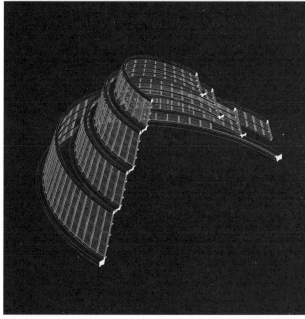

上图：凯特琳冬季花园的大比例研究模型，舒斯特表演艺术中心，代顿，俄亥俄州（2002年）

下左：米德剧院的顶棚初期数字模型，舒斯特表演艺术中心

下右：带有顶棚的米德剧院大比例研究模型，舒斯特表演艺术中心

左上：西萨·佩里正在展示为威斯康星州麦迪逊市设计的序曲艺术中心（2006年）

左下：公开的设计研讨会，序曲中心。佩里-克拉克-佩里事务所领导了多次公开会议，当地市民可以在会议中对正在进行的设计进行评价

上图：建设现场模型，序曲艺术中心，麦迪逊。标注为"SC"的是州议会大厦，标注为"OP"的是序曲艺术中心

剧院都是非凡的复杂建筑，它们的核心部分是正厅，表演者在那里为观众表演。在后台，你会发现一个精致复杂的、制造令人难忘演出的工厂，同时，这里为艺术家、技术人员和管理人员提供了有效的用武之地，并深受他们的喜爱。

在建筑的前部，类似门厅这样的空间为聚集在此的观众准备了一个美妙的空间，在热情洋溢的气氛中为他们提供餐饮和各种舒适的服务，也为社区创造了一个公共集会的场所。

剧院设计必须创造一个令人回味的空间，使现场表演的戏剧能够激发我们的生活。舞台和观众席装备了大量的尖端技术设备，而关键的声学需求将会影响结构和造型设计的每一个部分。

最后，往往有些令人沮丧的是，几乎所有的剧院都要在设计和建造的过程中奉行经济节约的原则，在运营中则要体现出高效性。

西萨、弗雷德、米奇以及他们的团队已经掌握了这些复杂性，并创造了一系列精妙绝伦、令人兴奋不已的人性化建筑，丰富了他们曾经为之工作的每一个社区的文化生活。佩里-克拉克-佩里建筑事务所是一个最具传统底蕴的、真正的剧院建筑事务所，在国际范围内，他们也是这一行业的佼佼者。

音乐大厅声效的再思考

拉里·科克加德，LK声学工作室设计师，科克加德联合公司的创始人

正如理查德·皮尔布罗在文章中提到的，位于明尼苏达州圣保罗的奥德维音乐剧场（1985年，我曾与本杰明·汤普森和联合公司在这个项目上进行商讨）是当时出现的第一个新型剧院的实例——尽管它的规模巨大，并且要适应各种类型的表演，我们还是设法使多功能大厅具有亲密的氛围和最佳的性能。而位于北卡罗来纳州夏洛特的布卢门撒尔表演艺术中心，是佩里-克拉克-佩里建筑事务所在这种具有挑战性的表演空间设计类型中创造的第二个佳作。

布卢门撒尔中心是我们科克加德联合公司与佩里-克拉克-佩里事务所、剧院项目公司合作的一系列杰出项目中的第一个。作为一个声学家，我优先考虑的是声音的品质，就像你将在后面所看到的，我对项目做出的贡献具有深刻的意义。这也是西萨、弗雷德和米奇合作的第一个剧院项目，他们对表演大厅技术需求的开放意识，以及将这些需求融合到建筑设计中的卓越能力都给我留下了深刻的印象。在后来的项目中，我对佩里-克拉克-佩里事务所的了解更为深入，也终于知道了对建筑性能的尊重，是他们设计方法的根本所在。

在布卢门撒尔中心的贝尔克剧场（表演艺术中心的多功能大厅），靠近舞台前部的侧壁是对声效最为不利的建筑表面。对于这些关键墙面的较低部分，我们采用了格栅结构，这种细节处理方式可以在观众层面对声波的反射起到扩散的作用。我们原本以为这些格栅将会被隐藏起来，但是佩里-克拉克-佩里建筑事务所却将它们融合到空间的装饰之中，并更加易于安装和维护。

在舞台的上部，设计师采用了巧妙的设计，将垂直面板和水平面板以阶梯式的布局进行排列，从而解决了若干问题。首先，这样可以使倾斜的顶棚高悬于管弦乐队的上方，在不影响舞台和表演者视线的情况下，将声音向观众的方向传播和反射。倾斜面一直向前延伸到被屏蔽的舞台的第二个区域，那里有为放大表演音量而设置的扬声器。

剧院顶棚的设计还纳入了一个显著突出的圆形结构，由声音穿透性极好的屏幕构成。可以将声学材料隐藏，并将反射的声音传向上层楼座的观众席。这个圆形结构的底部和上部表面都具有良好的声学反射特性，与巨大的侧壁交互作用可以将声音反射到侧廊的观众席。圆形结构的顶部表面是巨大的顶棚，一直延伸到楼座的后部，确保了楼座上的观众享有优质的音效。

可伸缩的声学帷幕将这个高高在上，无法看见的圆形结构环绕起来，可以控制声音的反射以及声音反射回舞台时可能出现的长时间延迟。

通过我们设计的一个"音乐会外壳"，这个大厅可以从百老汇风格的剧院转换成一个音乐会大厅。这是一个建立在导轨系统上的成套结构，可以从舞台后面的存放位置传送到舞台前部的表演位置。无论舞台上表演的是交响音乐会、音乐小合奏、音乐剧，还是举办的集会、讲座、时装

拉里·科克加德是一位世界著名的声学家，也是LK声学工作室的总裁。经过培训成为建筑师之后，他建立了科克加德联合公司。目前该公司已成为世界首屈一指的声学咨询公司。

秀和毕业典礼，贝尔克剧院都是一个深受人们欢迎的场所，各种类型的演出和活动都可以在这里表现出最高的水准。

在随后的几年里，我对佩里事务所的几个项目也做出了相应的贡献，包括辛辛那提的阿罗诺夫中心、麦迪逊的序曲中心、吉隆坡双子塔的国油管弦乐厅，还有与来自我以前的公司——科克加德联合公司的约瑟夫·迈尔斯合作的爱荷华大学的汉彻大礼堂。尽管它们都是杰出的观演建筑，但是国油管弦乐厅的项目却是最令我们难以忘怀的，这在很大程度上是因为它所带来的挑战性，还有我们极具创造力和奉献精神的设计团队所呈献的超凡精妙的解决方案。

国油管弦乐厅位于曾是世界最高建筑的双子塔之间。不幸的是，大厅的规模受到了双子塔底部建筑的制约，当我们接到大厅的设计任务时，底部建筑正在建造之中。最终确定的观众席面积和高度难以满足大型管弦乐演出所需的音效要求。我们需要再增加八米的顶棚高度才能创造出必要的声效和音量，因为我们无法向外部扩展，因此只能在高度上做文章。

为了解决这一问题，我们在舞台上方16米的位置设置了声音穿透性极好的顶棚，这也是建筑在视觉上的最高点。在它的上面，我们增加了额外八米高度的天花板，为完整的管弦乐与合唱演出创造了一个音效空间。在这个隐藏的空间内，我们安装了巨大的混凝土面板，可以将声音反射回下面的空间。每一块面板都被活塞或者螺旋千斤顶高举在上面，通过升高或降低来调节大厅的音效。结果，这个空间通过调节完全可以适应各种演出的需要，成为真正的多功能音乐大厅。

虽然这个项目也许是我与佩里-克拉克-佩里事务所共同工作所取得的最为非凡的成就，但是它只是众多成功项目中的一个。随着我与西萨、弗雷德和米奇不断地合作和彼此之间的相互学习与了解，我们的合作也越来越多。虽然，这很大程度上是由于我们彼此之间越来越熟悉，但是他们独特的建筑设计方法也是一个重要原因。除了创造卓越的和令人兴奋的建筑之外，他们还尊重项目中的技术需求，并将它们视为总体设计取得成功的根本所在。

汉彻大礼堂

查尔斯·斯旺森，汉彻执行董事

爱荷华大学一共收到了59份汉彻大礼堂的建筑设计申请。2010年9月10日，我们在最后一轮的四个申请者中选择了西萨·佩里创建的佩里-克拉克-佩里事务所。在会谈过程中，佩里的团队展示了他们在纽黑文的办公室就已创造出的"汉彻空间"，这是仔细研究了我们这个组织的历史、使命和前景之后做出的设计。他们在会谈中的合作精神与激昂的士气令人印象深刻，他们具有包容性的方法途径以及倾听与回应客户的能力也是如此。在之后六年的设计和建造过程中，这些优秀的品质一直很好地为我们服务。

由于原来的汉彻大礼堂在2008年毁于洪水，我们正在建造一座全新的剧院。作为纽带，原来的建筑在过去35年的时间里将艺术家们与观众紧密地联系在一起，因此佩里的团队细心倾听了我们的员工、志愿者、捐助者、爱荷华大学的其他利益相关者以及艺术家和社区成员的意见。设计过程是开放的也是合作的，来自佩里-克拉克-佩里事务所的专业人员令每一个人都感受到了自己的重要性和价值。作为团队努力的一部分，将重点放在明确什么是最适合汉彻和爱荷华大学的，这是非常令人鼓舞的。

在我们刚开始共同工作的时候，我对这个艰巨的任务感到一丝畏惧。西萨·佩里、弗雷德·克拉克和米奇·赫希曾经告诉我，设计和建造一个观演建筑是非常复杂的。他们将其比喻成用手工去制作弦乐器或者斯坦威钢琴。但是，佩里的设计人员并没有让这种复杂性将这个众多人员参与的项目带来的乐趣扼杀，而是将令人生畏的项目变得令人愉悦，并且充满了探险的乐趣和成就感。

在6年的合作过程中，我曾多次拜访了事务所设在纽黑文的办公室。当看到那些世界各地重大项目的照片和模型的时候，参观他们的办公室就如同是在环游世界一般。我们总是在"汉彻空间"结束环游的旅程，在这里我们关注的是汉彻大礼堂的一切，而不仅仅是建筑的结构细节。佩里的团队想要听取的是当前的情况以及未来开放时有何计划。显然，他们将汉彻作为一个机构去理解它的文化和精神是极其重要的。他们以真诚、可信的方式关注这一项目，我真的相信，这就是为什么我们现在能够拥有一个让所有人都能接受和喜爱的建筑。

虽然在项目的实施过程中，我们有着无数的美好时刻，但是有两件事情是令我难以忘怀的。第一件发生在2013年的夏季，我们特殊的现场仪式上。当时，我们委托了老朋友圣·何塞太古举办一个基于日本传统的特殊仪式。这个仪式的目的是在未来30个月的建设过程中，为我们创造一种精神上的安全感。由于3名建筑工人死于原来的汉彻礼堂建设中，所以这个仪式对我们来说非常重要。我们希望在这个雄心勃勃的全新项目建设中唤起人们对安全性的重视。

佩里的工作人员也参加了我们的仪式，并成为从旧建筑到新建设场地的行进队伍中的一部分，帮助我们把旧建筑的历史、能量和魔力传送到了新的汉彻大礼堂。他们的参与是真诚的，我将永远铭记，在汉彻的历史中与他们共同度过的这一特殊时刻。

查克·斯旺森是爱荷华大学汉彻大礼堂的执行董事。40年来，这里一直是美国一流的表演艺术中心，为大学和该地区奉献了世界级的舞蹈、音乐和戏剧演出。

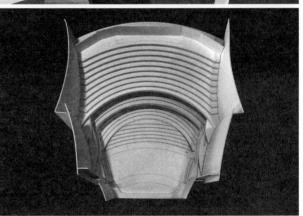

上图：阿姆利特·皮洛和凯蒂·哈普·迪南正在制作爱荷华大学汉彻大礼堂的大比例研究模型（2016年）

下左：西萨·佩里和米奇·赫希在纽黑文的佩里-克拉克-佩里事务所办公室内对汉彻的设计进行评审

下右：汉彻大礼堂的研究模型

第二个难忘的回忆是我们举行的"留下你的足迹"活动。在这个为期两天的活动中，数百名社区成员、建筑工人和项目团队的成员都在一根长达21米的大梁上签名留念，这根大梁将成为新建筑的一部分。我永远都不会忘记，当我的朋友——爱荷华大学的校友、歌手和词曲作者苏珊·沃纳的歌声响起时，包括西萨在内的佩里团队一起走向街边的人群，共同见证大梁被吊装到位的时刻。佩里团队的朋友们使这个场合变得更加特别，我永远都会记住他们在那一刻发自内心的快乐和喜悦。

大梁签名结束之后，我们与300名建筑工人一起在尚未完工的舞台地板上共进午餐，并欣赏了沃纳女士的表演。我们以这种方式向每一位在项目中努力工作的人员致以谢意。这又是一个令我众生难忘的美好记忆。

游览新的汉彻大礼堂已经成为一种真正的快乐，从建设的最开始阶段我就非常珍惜这种感受。在游览的过程中，我总是强调从设计到建设的整个过程中，我们的建筑师带有独特魅力和风格的设计方式。全新的汉彻大礼堂让我们的爱荷华大学、我们的社区和我们的爱荷华州都感到无比骄傲和自豪。它将世世代代为我们的观众和艺术家服务。汉彻大礼堂也将成为渴望推动创造性艺术表达发展的各类艺术家和学者的实验室，包括爱荷华大学的学生和教职员工。

我总是说，汉彻大礼堂绝不仅仅是一个建筑，并且一直相信这是真的。令人惊讶的是，我们崭新华丽的汉彻大礼堂竟然将这一思想体现得淋漓尽致。它是一个光线充足、开放并且亲密的空间，这些完美的设计是为了分享一种体验，从而提醒我们汉彻是属于那些来到这里共同创造和欣赏人类表演并感受力与美的人们。

成为这个团队的一员令我感到骄傲，我们的团队构思、设计、建造了一个可以将生活穿越到遥远未来的设施。我相信，年轻人一定会在汉彻大礼堂的亲身体验中获得灵感和启示。

这些体验会将变得更为浓烈，因为他们将与我们社区的其他成员一起分享这个华美的集会场地。爱荷华大学的汉彻大礼堂是属于我们每一个人的真正瑰宝。

在首次开放的那个夜晚，当西萨和我站在舞台上面对着到场的1800名来宾时，我的朋友以真挚的诚意向人们宣布——汉彻大礼堂是用爱建造的。那一时刻几乎总结了这次千载难逢的经历，我将永远珍视。

戏剧学院

约翰·卡伯特，德保罗大学戏剧学院院长

那是一个灰蒙蒙的冬日，我们在德保罗大学的中心会议室内亲历了一些建筑师团队的展示。他们之中的很多人确实是在谈论建筑，为我们描述建筑元素将如何满足我们的计划和需求，楼面板将如何设计才能以惊人的规划数量安装到由于分区限制而定义的狭小空间。他们的展示都是精致复杂的，对于我们这个规划了数十年并且开端并不顺利的项目尤其具有吸引力。

在一个团队的展示中，绽放出与众不同的光彩，犹如火花一样令人兴奋，显示了与其他展示的不同之处。他们谈论了人类、社会和承诺——这些似乎都与建筑无关。他们描述了不同的社会团体将会如何发生冲突和相互影响，从而产生了分歧与共识。他们在谈论中将建筑视作一扇大门，公众通过这扇大门可以参与到学校以及各种机构之中。他们还描绘了校园起源的关系。最后，他们认为正是这些分歧、相互影响和发展轨迹塑造了建筑，而不是建筑塑造了社会。于是，我们被来自佩里-克拉克-佩里建筑事务所的团队打动了。

进入项目的正题后，我们还讨论了其他的目标，从支持各种特定活动的技术需求细节（比如场景工作室或者声效设计实验室）到弹性概念。我们还探讨了对"尚未完成"环境的渴望——只有当人们进驻时，才会形成完整的生活，就像为了演出而在舞台上创造的世界。它为故事服务，但本身并不是故事。作为讲故事的人，在过去故事塑造的空间里是最为舒服自在的。那么，我们如何创造一个具有过去发展印迹和感受的新建筑呢？我们设想了一个建筑，其天马行空般的创造力超越了极限。

我们设想了很多。透过巨大的玻璃幕墙，芝加哥繁忙街道上的行人可以看到场景工作室内的情景。我们采用富有韵律感的门窗布局，而不是呆板的网格布局。在计划列表上完全一样的10个研究室，也采用了各不相同的造型和配置。由于最重要的剧场位于第四层，因此在有演出的夜晚，观众在建筑中行进的队伍也会产生戏剧性的效果。在外面可以看到建筑中的所有剧场。"黑盒剧场"也通过整面玻璃幕墙与外面的世界分享着激情与活力。

这将如何成为现实呢？这一次，还是在芝加哥，在一个阳光明媚的日子里，事务所勇敢的设计团队与我们学院的全体教职人员再次分享了他们的设计作品。当然，他们的作品也得到了一些个别的、甚至怪异的评价和回应。但是越来越清楚的是，作为一个群体，我们的表演教师希望10个表演研究室在造型和形式上各具特色。因为他们与演员的工作总是与环境相互感应的，完全一样的激励环境是毫无价值的。在这个关键问题上，我们的建筑师不仅没有像很多建筑师一样对此不屑一顾，反而将这样的需求作为一种具有创造性的挑战，并寻求方法使每一个房间都独具特色，而不是将它们复制。

约翰·卡伯特从2001年开始便担任德保罗大学戏剧学院的院长。他还是一位屡获殊荣的灯光和布景设计师，为芝加哥和全国范围内的数十个剧院项目做出了贡献。

数字迭代模型显示了按照不同类型进行规划设计的德保罗大学戏剧学院 (2013年)

只有在谈话中能够细心倾听我们的话语和话语中的潜台词，认真听取我们的愿望，并了解我们对新家园几十年之久的渴望心情的设计团队才能将这一切变为可能。然后，他们不是通过公式化的方法，或者以先入为主的观点和基于先前的建筑项目去创造艺术环境，而是通过帮助我们这样一个非常特别的社会团体去创造艺术环境。最终，这不是"一个"为"一个"戏剧学院设计的表演艺术中心，而是特殊设计的有助于学生和教职员工的德保罗大学戏剧学院。它坐落在戏剧之城芝加哥的北拉辛大道和富勒顿大道的一角，是属于"我们"的艺术环境。

　　我们的设计团队由西萨·佩里、弗雷德·克拉克、米奇·赫希，以及他们的同事组成。作为一个多年的剧院设计师，我自己也参加过很多项目的合作，因此我可以有根据地说，他们的合作精神、敏感性和创造性都达到了极致；他们是老练深沉的听众；他们在各种参数和限制的要求下实现了我们的目标；他们设计的建筑支持了我们这个特殊社会团体的活动，使我们能够与学生共度更多的时光。我们敞开胸怀拥抱我们的社区，因此在校园和城市的构造中发挥了不可或缺的作用。

　　还有，我们拥有了一座非常酷的建筑！

关于观演建筑
Teekay访谈

与你们设计的其他类型建筑相比，观演建筑有什么独特之处吗？

西萨·佩里：是的，我认为观演建筑是一种非常特殊和令人兴奋的建筑类型，这主要是由它们内部进行的活动决定的。观演建筑具有一种非凡的魔力，我们被音乐、表演和舞蹈带到了另一个世界，一个与我们日常生活完全不同的世界。怀着去往剧院的期待，我们有着这样的经历：到达后与朋友相聚在休息大厅，谈论着将会发生事情，然后再进去观看演出。最后，即使演出并不出色，也能在探讨演出为何不出色的过程中找到乐趣。（大笑）说真的，对于我来说，剧院是非常特别的建筑。想一下人们去往剧院时怀有的特殊心情，与去往其他类型的建筑时是完全不同的。在博物馆内，你可以随意走动。而在剧院内，这是不可以的，去任何地方都必须是目标明确的。

米奇·赫希：会有很多的期望。

西萨·佩里：对，期望是非常重要的，非常重要。

米奇·赫希：在艺术，尤其是表演艺术创造的环境下，人们易于敞开心扉去接受新的思想，并可以参与到顺应时代的讨论之中。因此，观演建筑还关系到社会、社会的承诺、社会的包容性、社会的多样性和社会的互动性。我们发现，这就是它们令人激动兴奋的原因。

弗雷德·克拉克：观演建筑是一种非常苛刻的建筑类型，对内部和外部设计都有严格的要求，并且要以观众的体验为出发点进行设计。几十年前，理查德·皮尔布罗就教导我们，他总是强调观众与艺术家之间的距离和比例的重要性。正是亲密性、即时性和人的互动关系使现场表演具有强大、深刻的感染力。这就是剧院的现场体验同看电影和收听录制的音乐之间存在的差别。这一差别以非同寻常的方式被放大，因为这是一种共享的体验。当你看到并感受到与你一同观看的人们被这种体验直接影响时，你所受到的影响将会成倍地放大。无论表演是否精彩，我发现自己谈论演出的兴致总是要持续好多天。

西萨·佩里：剧院的另一个特点是它很像一部复杂精密的机器，需要组成一个整体。这可不是简单的事情。

米奇·赫希：在观演建筑、场地的后部和前部，以及观众席区域都有一系列复杂的问题需要去解决。剧院是建筑的功能和技术方面，以及剧院带来的令人鼓舞和喜庆的表演之间的美妙结合，它把我们带入一个超凡脱俗的世界。

西萨·佩里：机械方面的复杂性非同小可。

米奇·赫希：从建筑学的角度看，空间本身的视线和音效是最重要的，也是必不可少的。这就产生了很多非常复杂的关系。比如，人们必须聚集在表演者的周围才能舒适地看清和听清表演的所有内容。但是在幕后（字面意义上）以及大厅本身还有着空间和功能上的需求，很多制作设备也需要处理得优雅得体。

在这些项目中，建筑师与顾问人员之间存在特殊的关系吗？

西萨·佩里：哦，绝对存在。顾问人员对建筑的最终外观有着巨大的影响。我们会非常认真地对待他们的建议和要求。

米奇·赫希：我们喜欢将这种存在于建筑师、剧院规划师和声学家之间的关系称为"三条腿的凳子"。因为如果移去任何一条"腿"，项目都不会成功。

西萨·佩里：在每一个项目中，都确实存在这种三方合作。

米奇·赫希：并且，很奇妙的是——也是在我们的项目中所看到的——当三方的互相制约达到极致时，就会出现创新。

有没有一个比其他任何项目的制约条件都多的项目，然后你们为之发现了创新的解决方案？

米奇·赫希：实际上，我们在夏洛特的第一个观演建筑项目（北卡罗莱纳布卢门撒尔艺术中心）对我们的制约就是相当多的。

西萨·佩里：（回想起往事而大笑）我们当时什么都不懂！但是我们学得很快。

米奇·赫希：一些最苛刻的限制条件最终却变成了项目最大的优点。比如，建设场地极其狭窄，我们只能将大厅设计成类似鞋盒的形状，但是这却造就了史上最佳的音响效果。

西萨·佩里：我们在夏洛特学到的是，由于音响的需求，剧院在结构上应该与建筑的其他部分分开。这绝非易事。而机械系统的设计就更为困难，因为声音可以通过机械系统从一个空间传到另一个空间。

米奇・赫希、西萨・佩里和弗雷德・克拉克

米奇·赫希：人们希望空气能够尽可能缓慢安静地流通，因此更长的通风管道受到了青睐。

西萨·佩里：因此，设计一个剧院需要做好两件事情，首先需要的是有着丰富经验的设计师，其次就是必须小心谨慎，以避免不必要的风险。

弗雷德·克拉克：由于许多实际的问题，迈阿密的阿什特中心受到了诸多的条件制约。这是一个雄心勃勃的建设计划，后来在迈阿密市中心的边缘地带进行建造。该项目在设计过程和社会影响方面都高度公开，公众的参与程度和热情都非常高。有时会让人感觉到，这就像是在比斯坎林荫大道和东北第十四大街拐角处的易拉宝展板上设计一个建筑。再加上当时的经济周期原因，这一过程几乎耗费了十年的时间。

你们的事务所以剧院顶棚的创新设计而闻名，能谈一下这方面的情况吗？

西萨·佩里：剧院的一切，每一个部分都需要你去反复进行思考。我们已经尝试了几次剧院顶棚设计的创新，是的，确实如此。

米奇·赫希：在20世纪80年代初期，多功能大厅是新型剧院最为常见的类型——大厅可以举办戏剧、音乐剧、音乐、舞蹈和其他各种类型的演出。由于它们追求过于全面的功能，通常并不是很成功，所以并没有得到很高的重视。当要开始夏洛特多功能大厅的设计时，我们与剧院规划师和声学家们一起想方设法使它能够完美地为每一种用途服务。最后，我认为我们取得了成功。作为设计过程的一个部分，我们把顶棚的设计看作是找回那些似乎在20世纪中期就已丢失传统的大好时机。

西萨·佩里：在辛辛那提的阿罗诺夫艺术中心，我们在顶棚上安装了可以变色的光纤灯具。在代顿，我们设计的同心椭圆形天花板永远都显得那样独特，在高高的顶部，你看到的似乎是一片夜空。

米奇·赫希：我们正在将传统的剧院顶棚融入到当代的设计之中。剧院的顶棚不只是一块天花板，它需要具备高度的功能性。例如，所有的演出照明系统都设置在顶棚上——聚光灯、彩色灯光，等等。另外，声学家需要顶棚上面的空间吸收表演的声波能量，所以顶棚需要具有良好的声学穿透性。因此，问题就变成了我们如何在不影响演出效果的情况下去创造一个看上去极具趣味的顶棚。

西萨·佩里：还有，如果项目是一个音乐厅——也就是专门用于音乐演出的空间，在声学上就需要一个体积巨大的额外空间。

米奇·赫希：有时还要谨慎地设置混响室。

西萨·佩里：在马来西亚的国油管弦乐厅，我们曾与声学家拉里·科克加德共同工作，顶棚之上的体积与大厅的体积几乎相同，因此它们是一个双倍体积的空间。

米奇·赫希：它的大厅拥有850个座位，气氛十分亲密。但是它的舞台需要容纳一个完整的管弦乐队，因此乐队产生的能量需要被吸收掉一些。在视觉上，这个顶棚创造了一种亲密感，但是它却具有极好的声学穿透性，使声音的能量被上面更大的空间吸收掉。

西萨·佩里：类似的问题也出现在韦伯（位于德卢斯的明尼苏达大学韦伯音乐厅，在本书的项目索引中有所介绍），那里也是在一个很小的空间里容纳一个很大的管弦乐队。在那里我们只能在空间体积上做文章，显然那必定是一个很高的空间。

米奇·赫希：所有的声学家都有自己的特性和喜好，说到单一用途的音乐厅（与百老汇风格的剧院完全不同），拉斯·约翰逊就显得十分特别。他常常在大厅的侧壁和顶部专门安装一些大型的混响室，并且在管弦乐队平台的上方设置一个大型的罩棚。

你们开始谈到了夏洛特的项目，以及如何迅速掌握了大量的相关知识，那么它一定是成功的，因为你们随后在辛辛那提、代顿和迈阿密等地设计了更多的艺术中心。

米奇·赫希：这些剧院赢得了很多声誉，这很重要并需要记住。首先，这些声誉是因为建筑的正面外观获得的：走近这样的观演建筑，然后进入到建筑内部并被热烈的气氛带入到大厅，这是多么美妙和令人振奋的体验。其次，是建筑的背面：为演出进行设备的装卸是那么的方便容易。这也关系到演出收入的问题，如果是一个有着方便高效声誉的演出场地，就意味着会吸引更多的演出，从而有利于剧院的盈利。当然，由于具有良好的视线、音效、氛围、温暖和亲密的空间，大厅本身也有着极高的声誉。这些声誉一经传开，即使你的大厅有悖于常规，如果它是一个适合演出的好场地，也将是成功的。我们非常认真地谈论这一切，我相信这对我们的成功十分重要，因此，更多观演建筑的设计任务被委托给我们。

米奇·赫希：在辛辛那提，我们的团队是项目获奖的原因之一。我们组建了与夏洛特项目基本相同的设计团队。辛辛那提的客户团队参观夏洛特的项目时，主体混凝土框架刚刚完工，拥有2100个座位的大厅所产生的亲密氛围给他们留下了极其深刻的印象。

西萨·佩里：那一直是一个伟大的成就，它是一个非常亲密的空间，也是一个巨大的演出大厅。是的，并且我要补充一下，这与顾问们的建议是相悖的，他们非常注重大厅的规模，希望只设立1800个座位。但是，票房人员希望能够拥有2100个座位。

米奇·赫希：大量的座位有利于经济收入，而适量的座位对于演出的效果十分重要。有时候，必须在两者之间进行平衡。

西萨·佩里：在马来西亚的国油管弦乐厅项目中，我们非常幸运。由于那里从来没有演奏西方音乐的场地，因此他们担心如果规模过大，会有一半的坐席是闲置的。所以，他们对座位的数量提出了限制。

米奇·赫希：确实如此，但是还有一点，就是他们开始建造吉隆坡的双子塔之后，才决定要增加一个音乐厅。

西萨·佩里：是的，因此想要把它建造的更大是极其困难的。但是，美妙的事情是，它获得了非同寻常的成功。

说到声誉，BOK中心已经获得了极佳的口碑，并且它是一个多功能的场馆。

米奇·赫希：是的，自从2008年开放以来，BOK由于场地的上座率和性能获得了很多顶级大奖。我们的任务首先是为塔尔萨创造一个标志性建筑。其次，将艺术表演与体育赛事放在同等重要的位置。在当时，这并不是典型的活动中心。

弗雷德·克拉克：我们非常喜欢在塔尔萨的工作，我们从项目中获得了极大的满足。这不仅是因为满足了所有的需求，还在于它促进了周边城市振兴的巨大潜力，尤其是这些城市的边缘地带。此外，它还能扭转人们迁往郊区的趋势，提高城市的活力，并成为城市展现自我风貌的主要方式。所有这一切，BOK中心都做到了。在我个人看来，作为一个乡村音乐迷，以及来源于美国中西部和南部地区独特农耕文化的娱乐活动爱好者，BOK中心是一个令人兴奋和愉悦的表演空间。我十分喜欢这样一个事实，你可以想象一下：在一个夜晚，观众们身着黑色的燕尾服来到这里观看表演，而第二天夜晚，他们则以一身蓝色的牛仔服出现在这里。

在20世纪80年代末期，当你们开始设计夏洛特的项目时，你们的设计业务早已闻名于世。观演建筑对你们的其他设计业务有何影响？或者，它们有过影响吗？

西萨·佩里：我们对于设计的态度始终不变，不会专门以某一种类型的建筑为主，因为我们一向以崭新的眼光开始新的设计任务。我们没有固定的"菜谱"，每一个项目都是全新的，我们以开放的思维对待每一个项目。如果做到了这些，项目的建筑类型就不重要了，相同的、永恒不变的理念适用于所有类型的建筑。

米奇·赫希：我们始终坚持在确定新项目的建筑特点之前，对项目的既定条件进行分析。无论是什么类型的建筑，功能和服务方面的需求以及对计划和环境的响应都是最重要的。因此，一旦我们准备开始解决建筑的特点问题，我们就会知道它是深深根植并成长于独特的项目计划、项目场地和项目愿望之中的。

西萨·佩里：这很正确，绝对正确。

弗雷德·克拉克：我们很幸运，在国家开始认识到艺术的重要性时就参与到这些项目之中。不只是在那些大城市里，还有它们起源、发展和变化的地方。夏洛特就是一个很好的例子，夏洛特展示的成功可以归因于它的市民领袖认识到了表演艺术在都市生活中的重要性。我们作为建筑师，对都市中心的振兴是具有敏感性的，我们创造的是空间，而不仅仅是建筑。还要了解建筑如何与人行道相接，提供热情的体验和感受，并将不同的社区相互融合。我们将这些经验应用到了世界各地的项目之中。

表演艺术作品是否会导致产生其他类型的新作品？例如，设计体育场馆的机会是来自于你们的观演建筑作品吗？

西萨·佩里：是的，我们在观演建筑方面的经验确实为体育场馆的设计奠定了良好的基础。

米奇·赫希：当我们开始设计BOK中心的时候，我们将它设想成一个巨大的表演艺术中心，而没有把它们当作一个典型的体育场馆对待。体育场馆往往像一个黑暗的盒子，人们一旦进入其中就无法了解与外部环境之间的关系。于是我们决定让它变得透明，能够看到城市的景观。随后，我们凭借早已熟悉的观演建筑概念和关系开始了设计工作。我们发现这些想法和理念应用到体育和其他活动中也是非常适合的。

西萨·佩里：无障碍坡道是我们在塔尔萨引入的设计之一，坡道从地面盘旋升起，缓缓地通向建筑的顶层。坡道紧挨着建筑的外墙，因此当你沿着它行走的时候可以获得极好的视野。坡道大受欢迎，以至于很多观众放弃了电梯和滚梯，通过步行来到自己的座位。

西萨·佩里：有一件事情我们还没有谈到，但是它同样很重要，那就是内部空间——门厅和主大厅的特点，那是人们最容易记住的。我们设计的每一个大厅都是独具特色的。

米奇·赫希：大厅的特色是由它的位置、将要表演的节目和客户的愿望，以及所处时代剧院设计的特质决定的。

你们认为门厅和大厅的特点是共同的还是各异的？或者，是否它们在每一个项目中都是各不相同的？

西萨·佩里：它们既密切相关，又彼此不同。

米奇·赫希：正如西萨提到的，它们肯定是彼此相关的。如果你看到汉彻大礼堂的外观、门厅和大厅，就会发现它们具有相似的风格。如果你观察塞格尔斯特罗姆音乐厅的外部和内部，会看出它们彼此的不同之处，但是他们同样有着相近的特点。

弗雷德·克拉克：大多数剧院的体验犹如充满期待的庆典。观众是表演的一部分，从汽车或者出租车走入大厅的人流本身就是充满喜庆气氛的。所以门厅和表演空间的关系是密不可分的。

都市里的大厅是否更具挑战性？我想到了盐湖城的艾克尔斯表演艺术中心，那是一个密集拥挤的建设地点。

米奇·赫希：确实，在盐湖城的项目中，门厅是一个冬季花园。从一开始它就将被设想为公共空间来进行设计，无论演出大厅是否在进行演出，门厅里都可以举行各种活动。但是至少在表面上看，你是正确的。限制条件苛刻的都市建设场地明显比那些不受制约的未开发区域更有挑战性。然而，当你开始分析指定地点的具体特性时，却会发现都市会为设计独特非凡的解决方案提供更

多的机会。在盐湖城，非同寻常的场地条件与周边建筑有着复杂的关系，这本来都是不适合项目开发的。在夏洛特，倾斜的场地使建筑前部和后部相差一层的高度。因此我们将表演大厅的高度降低了一层，降低了建筑的体积，使观众能够从剧院正厅后座的高度进入到内部。这大大降低了人们需要向上走到自己座位的距离。因此，开始被认为是挑战的不利因素最终却变成了难得的机会，项目也总是变得更好。

能谈一谈你们在观演建筑项目中采用的视觉艺术吗？

米奇·赫希：表演艺术和视觉艺术交织在一起，是非常美妙的。

西萨·佩里：它们并不是必须要放在一起，但是它们会被放在一起。除了建筑本身，你可以创造一个没有任何视觉艺术的精彩剧院。

米奇·赫希：汉彻大礼堂就是如此。在那里创造的一件艺术作品被纳入到建筑中。但是还有很多其他的建筑也将艺术作品融入到建筑中。例如在迈阿密，我们与艺术家共同为项目创造了专门的艺术作品，并安装在建筑中成为不可分割的部分。在BOK、艾克尔斯和泽维尔，我们也是这么做的。这些作品都具有鲜明的地域特色，并被植入到建筑之中。

西萨·佩里：这就是我们通常的惯例，我们喜欢与艺术家合作，而不是去购买他们的作品。

在选择项目设计者的过程中有没有项目与其他项目的过程完全不同？据说迈阿密项目的竞争就是非同寻常的。

西萨·佩里：哦，天哪！那是一次非常折磨人的经历。最后有三家事务所进行决胜，他们为我们租了三间大型的酒店套房作为工作室，公众可以随意进出，并观看我们的工作。我们在那里大约工作了六天。这个要求太疯狂了，且非常苛刻。在此期间，我们制作了一个很粗糙的项目模型，不过，如果你仔细观察，会发现最终建筑的构思已经包含在其中。

米奇·赫希：我们是不能够进入到其他事务所的工作室的。

西萨·佩里：我们被告知，其他事务所派出了密探来到我们的工作室。他们也承认了那些家伙来到过我们的房间，观看之后便返回告诉他们我们所做的一切。

米奇·赫希：但是后来，来自我们同事办公室的人员也进入到了他们的工作室……这并没有什么关系，这么做不会为我们和他们带来任何有价值的信息。（大笑）

西萨·佩里：与我们竞争的是雷姆·库哈斯的OMA事务所，并且库哈斯也亲自上阵。还有阿凯特托尼卡建筑事务所，它们都是当地人的宠儿。

西萨·佩里：在辛辛那提，我们展示了一系列的规划图。与我们竞争的是詹姆斯·斯特灵、彼得·埃森曼、詹姆斯·波尔舍克和哈迪·霍尔兹曼·法伊弗。这是一个非常大的项目。在塔尔萨的场馆（BOK中心），我们再次与彼得·埃森曼进行了竞争。

弗雷德·克拉克：观演建筑的项目总是引来激烈的竞争，所有的事务所都会竭尽全力参与竞争。我们已经明白，竞争也是一种表演，也拥有大量的观众，不仅仅是那几名评选委员会的成员。在迈阿密，我们是在整个城市的面前进行竞争，我们决定去享受竞争的乐趣。正如西萨提到的，我们制作了一个巨大的纸板模型，虽然很粗糙，但是却极好地唤起了人们的情感。面对着大约一百名左右的观众，我们团队的八名成员走上舞台开始了展示，继而又将我们的模型从A方案转换为B方案。这一切仿佛在观看日本歌舞伎表演的场景切换：安静、准确和精心的排练。这是表演的重要部分，因此赢得了观众的喜爱。

从夏洛特的项目到汉彻大礼堂有一个演变的过程，你们能描述一下这个过程的特点吗？这种演变与事务所其他工作的演变有关系吗？还是与其背离？

米奇·赫希：嗯，这是一个有趣的问题，需要一些思考。但是，比方说，如果我一方面想到夏洛特，另一方面想到艾克尔斯，那么在剧院设计中出现的新事物就是跨学科性——各种不同的事情在很多不同的地方发生的可能性。今天，观演建筑需要具备更大的灵活性，它们需要适应不断变化的技术和计划上的需求。

弗雷德·克拉克：我们在剧院设计上的演变也反映了观众的变化。今天的戏剧迷通常都是消息灵通人士，他们被各种娱乐活动包围。今天，人们很清楚将要看到和听到的是什么，这是有选择性的。人们也会将剧院的体验与录制的音乐、电视和电影进行对照。观众也正在变得越来越年轻，这种世代的变化也对设计产生了影响。作为设计师，我们需要不断地更新自己的观点和态度，无论是对于空间上的编排活动、建筑设计的形式方面，还是材料、颜色和设备的选择，等等。并且，正如米奇所说的，从当前技术发展的角度看，对新型技术和性能的需求使我们的建筑受益匪浅。

技术已经驱动建筑学的改变了吗？

米奇·赫希：嗯，你知道，有一些事情正在发生着微妙的改变。人们对可持续性和可达性有了更多的认识。另外，包括照明系统在内的很多系统都已经取得了技术进步。从夏洛特、辛辛那提到代顿，我们经历了剧院顶棚光纤灯具到后期LED灯具的演变。总体来看，一切都在变得更有效率，价格更为低廉，也更易于维护。演出照明的物理需求几乎没有变化，而在音效方面则依然存在着物理学问题。

表演艺术的经济因素是如何影响这些项目的？

西萨·佩里：运营一家剧院，经济因素是至关重要的，因为很多剧院都是勉强做到收支平衡。所以建筑师有必要认识到这一点，并与客户通力合作，使项目具有经济上的可持续性。例如，我们设计的很多门厅都成了收入的来源。它们可以出租用来举办各种活动，或者经营商店和咖啡馆等业务，这些都是设计程序的一部分。最后，如果你能成功设计一个自给自足的剧院，并能够略有盈利，那将是相当出色的。然后，它们将无所不能。并且，我们会尽一切努力工作，创造尽可能盈利的剧院。

Selected Projects

案例
精选

汉彻大礼堂

爱荷华大学，爱荷华市，爱荷华州 | 2016年

Hancher

The University of Iowa, Iowa City, Iowa
2016

The stacked levels of Hancher, with a stainless steel façade and cypress wood accents, cantilevers over the entrance, providing visitors with a dramatic first impression. 从西南方向看到的汉彻大礼堂。主入口与大礼堂处于同一水平面上。

爱荷华大学的汉彻大礼堂现在被简称为汉彻，是中西部地区的多层表演场馆之一，也是美国重要的文化机构之一。原来的建筑于1972年开放，服务于学校和当地社区，众多的世界级表演者曾在这里演出，无数重要的舞蹈、戏剧和音乐作品在这里诞生。广大的学生也成为这里的贡献者和观众。然而不幸的是，在2008年，大礼堂被附近爱荷华河的洪水淹没，只能被迫关闭。

2010年，为了替代原来的建筑，汉彻发出了寻求建筑师设计新礼堂的请求。在联邦紧急事务管理局的帮助下，原来建筑的损失得到了弥补。此外，在学校和捐助者的支持下，一项雄心勃勃的计划让汉彻大礼堂即将成为一个全新的表演艺术中心，从而使该机构更好地适应未来的发展需要。当时，由于严重的经济低迷，设计和建筑行业也陷入了困境。像汉彻这样特点鲜明、前景广阔的项目吸引了来自世界各地的建筑事务所，它们各显其能纷纷提供了自己的方案。在项目会谈中，佩里-克拉克-佩里事务所也展示了运用一系列设计方法制定的设计方案，此后不久便赢得了这一项目的设计任务。

与旧建筑相比，新建筑的建设地点比河堤的位置高出很多，这个海拔高度也完全高于平原，可以抵御500年一遇的洪水。尽管在总体布局中，河流依然是一个重要的元素，但是因为学校的主园区位于东南流向的河流对岸，因此新地点的高度为校园与河流之间带来了新的视觉关联。新的地点位于校园的北部边缘，与一条重要的公路和横跨爱荷华河的大桥毗邻，使汉彻不仅仅属于大学，还属于整个爱荷华城。

从上面看，该设计仿佛由一系列的"V"字造型堆叠在一起，柔和的曲线造型同蜿蜒的河水与河岸的缓坡遥相呼应。从侧面看，这些"V"字造型犹如飞翼一般。在垂直方向上，四架不锈钢覆盖的"飞翼"被深深凹入的玻璃幕墙彼此分隔。这些耀眼的不锈钢结构造型仿佛在漂浮流动，在校园的主要区域都可以一睹其动态十足的风貌。

这些"悬浮"的钢结构层，为其下面以及各层之间的内外部空间提供了良好的保护。在建筑的西南端，最大的挑檐形成了主入口。沿着建筑东南侧的曲线立面，众多的悬臂构成了露台，上面还设置了可以观赏河流与校园全景的咖啡馆。天花板则采用了暖色调的木板条进行装饰，为这些巨大的钢结构造型增添了人性化的质感。

汉彻的门厅向上延伸并穿越了建筑的各个楼层，在内部将处在不同层面的剧场、管乐区或正厅和两个楼体连接在一起。由于门厅的三个侧面都是玻璃幕墙，诸如排练室、管理办公室和演出服装制作室等礼堂内部的次级空间都能得到充足的光线，从而显得宽敞明亮。由加纳艺术家安纳祖制作的类似挂毯一样的壁挂作品被悬挂在门厅内部的平台上。这件作品是由成千上万的彩色织物碎片编织而成的，是艺术家代表与建筑师和客户进行沟通协调后，为现场空间定制的。

主剧场采用古典式舞台，并设有1800个座位。设计师继续采用了剧场顶棚设计方面的创新方法，使剧院的顶棚再次成为重要的视觉设计元素。这曾经是大剧院设计的主要部分，但是在20世纪却几乎消失殆尽。在这里，顶棚所需要的照明、机械和声学设备都通过网布、幕布以及桥架的精心布置而被隐藏起来，使观众无法看到。而且这一切都被涂成了蓝色。众多发光的环形灯具或是被设置在顶棚上，或是悬挂在下面，使这些发光体看似不断扩大并即将向上飞出剧院。这种既温和优雅又喜庆快乐的氛围，令观众难以忘记这个特殊的剧院之夜。

建筑罩面的设计也具有高效性，并采取了与建设地点和建筑的系统和控制相关的可持续性设计策略，汉彻大礼堂因此获得了LEED的金奖评级。此外，该建筑还完全符合FEMA（联邦应急事物管理局）规定的抵御500年一遇的洪水标准。

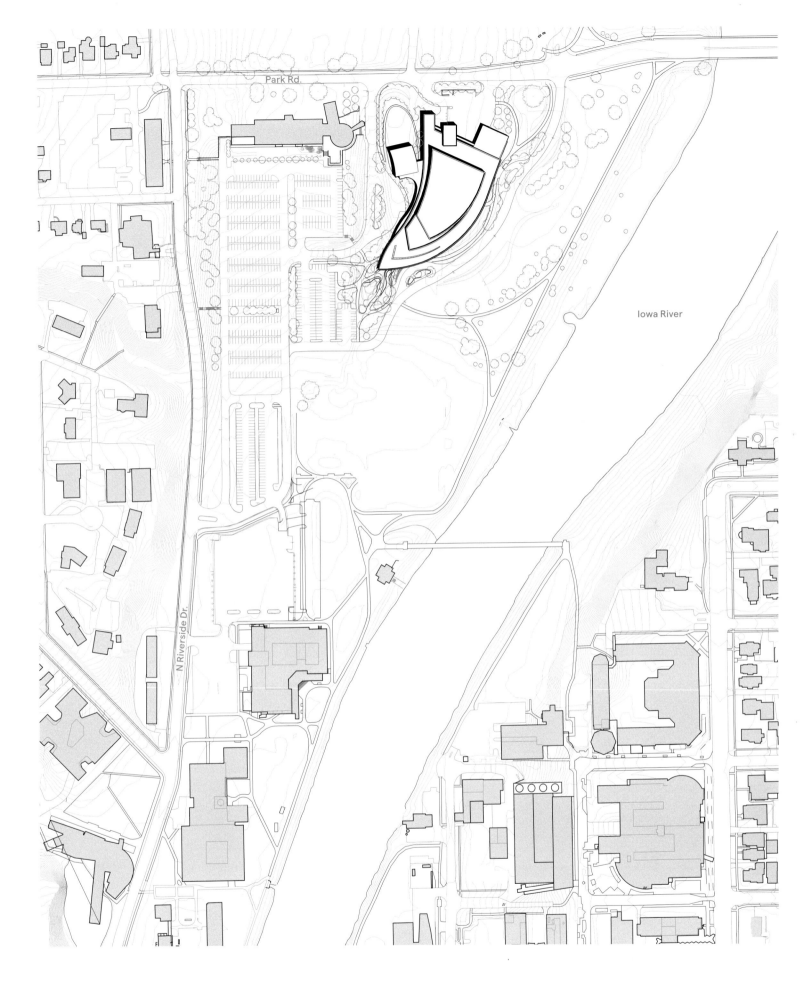

Park Rd.

Iowa River

N Riverside Dr.

0   150   300 Ft.

Hancher, as seen from the central area of the university campus. The interior of the lobby becomes visible as dusk falls. 从爱荷华大学校园中部看到的汉彻大礼堂。随着夜色的降临，灯火通明的礼堂内部清晰可见。

The deep, dramatic eaves of Hancher protect gathering spaces below. The underside of the ceilings are clad in cypress wood slats, selected for its color and durability. 汉彻大礼堂深度极大的屋檐十分引人注目，为下面的集会空间提供了保护。出于色调和耐用性的考虑，屋檐的底部采用了塞浦路斯木制板条进行装饰。

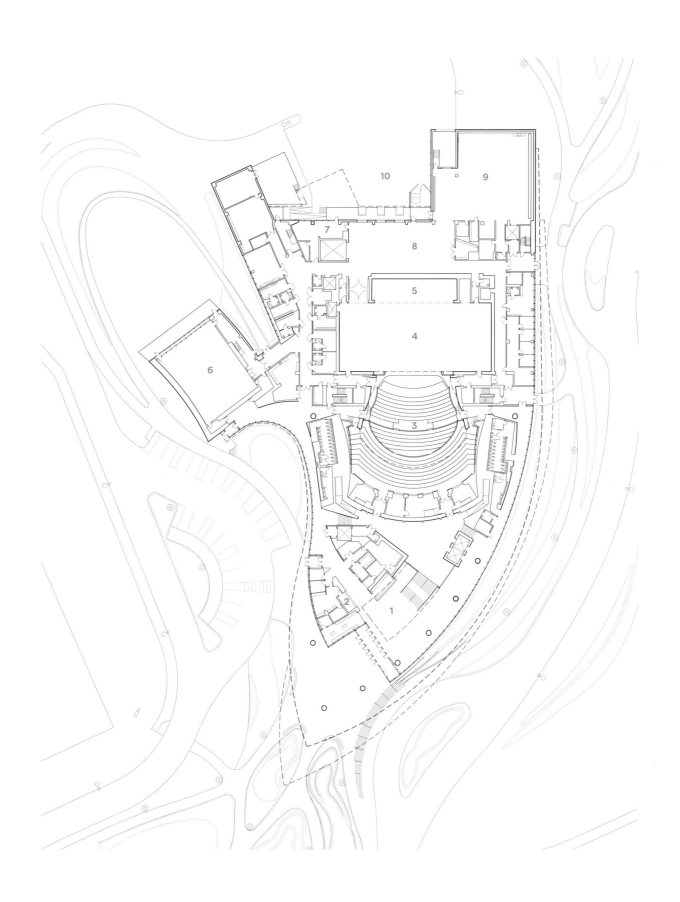

1.大厅 2.售票处 3.多功能大厅 4.舞台 5.音响反射板存放区 6.排练室

7.舞台门 8.布景存放处 9.布景制作室 10.装卸区域

0   35   70 Ft.

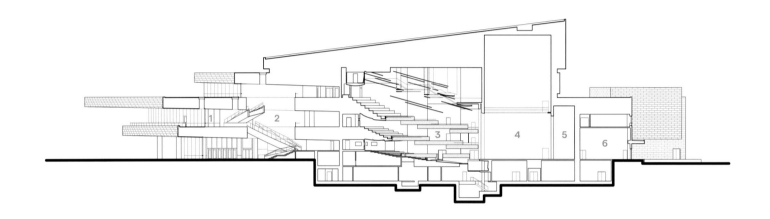

1. 咖啡馆　2. 大厅　3. 多功能大厅　4. 舞台　5. 音响反射板存放区　6. 布景存放处

The dynamic forms of stairs in Hancher's lobby cross the atrium, creating an active, energetic space. 从建筑门厅的东北侧望去是大礼堂。极富动感的楼梯和自动扶梯穿过建筑中庭，营造了一个充满活力的空间。

Hancher's lobby, looking southwest toward the main entrance. The white walls come to life as the sunlight fades. 从建筑门厅西南侧望去则是建筑的主入口。当阳光渐渐隐退，整个白色的墙体仿佛获得了生命一般。

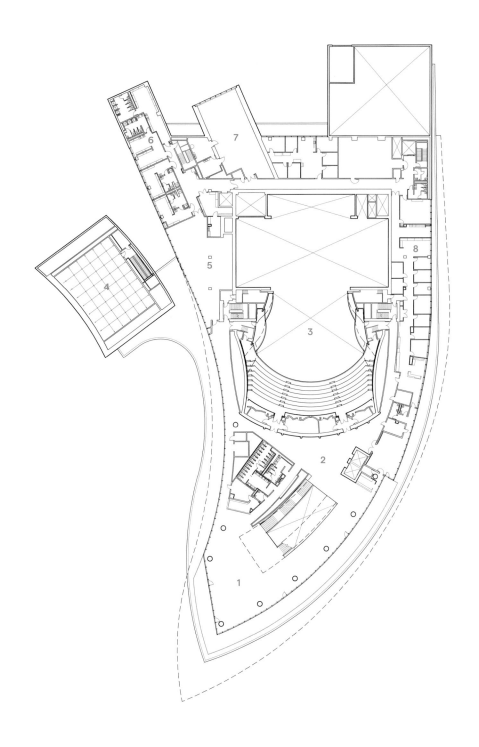

1.咖啡馆　2.大厅　3.多功能大　4.排练室　5.机械室　6.化装间

7.演出服装间　8.办公室

0　　　35　　　70 Ft.

Hancher is an intimate multipurpose proscenium hall with 1,800 seats that utilizes adjustable acoustics to accommodate everything from musical theater to solo music and dance performances.

有一个气氛亲密的多功能舞台和大厅，并设有1800个座位。通过可调节的音响……及舞蹈等各种艺术表演的需求。

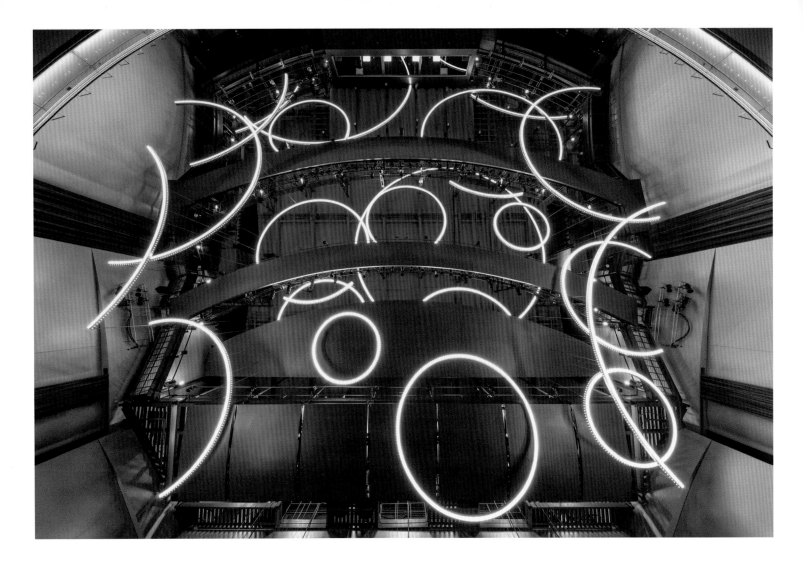

上图：汉彻大礼堂顶棚上的一组LED光环看似要上升到屋顶之外。虽然可以看到桥架和吊装设备，但是它们被涂成深蓝色，所以并不显眼
右图：汉彻的演出服饰工作室自然光线充足，并拥有开阔的公园景观视野

汉彻的排练室是一个礼堂外部的独立建筑，内部十分宽敞，自然光线充足明亮。氛围亲密的空间具有很高的灵活性，可调节的音响设备适合众多类型的表演

　　它那为了共享体验而设计的开放式空间不仅光彩照人，而且氛围亲密，十分完美。
这些都提醒着我们——人们相聚在汉彻，就是为了创造和欣赏来自于人类表演艺术的力
与美。

——查克·斯旺森

The north side of Hancher, looking west. Stainless steel-clad volumes project over the stage door and loading area. 汉彻大礼堂的北侧，向西可看到由不锈钢材料包覆的建筑主体探出并延伸到了舞台门和装卸区域的上方。

乔治·S.&多洛雷斯·多尔·艾克尔斯剧院

盐湖城，犹他州 | 2016年

The George S. and Dolores Doré Eccles Theater

Salt Lake City, Utah
2016

盐湖城的主干大街——璀璨的灯光和表演活动透过艾克尔斯剧院透明的立面，为街道增添了活跃气氛。顶层的室外露台是观赏城市风光的绝佳地点。

Main Street, Salt Lake City. The transparent façade of Eccles Theater enlivens the street with light and activity. The outdoor terrace at the top story is a wonderful destination to view the city.

与夏洛特、辛辛那提、代顿、芝加哥和麦迪逊的项目一样，乔治·S.&多洛雷斯·多尔·艾克尔斯剧院作为城市艺术表演中心，延续了西萨·佩里的项目传统。这些项目的每一个建筑都需要完美地融入到城市规划之中，这是一个巨大的挑战，不仅需要设计师解决表演艺术中心对技术和建筑的各种需求，同时还要为城市景观增色添彩。

艾克尔斯剧院是当地首屈一指的娱乐场所，也是盐湖城当代的地标性建筑。这座设备技术一流的剧院拥有2500个座位，可以承办百老汇的巡回演出和各种音乐会。此外，还为诸如摩门教圣殿合唱团这样的犹他州当地演出团体提供了一个演出场地。该项目为市中心开辟了一块生气勃勃的艺术城区。

盐湖城的中部是一片笔直宽阔的大街和林荫道形成的路网，那里以中低层为主的建筑都是在19世纪贯穿美洲大陆的铁路通车以后逐步兴建起来的。剧院的总体造型和临街立面借鉴了城市中心区域和毗邻区域建筑的直角和矩形结构特点。项目的北面是一座玻璃罩面的办公大楼（与艾克尔斯中心几乎同时设计和建造），而在南面，紧邻一座建于20世纪20年代的砖砌建筑——《论坛报》大厦。

人们可以从主干大街上进入到剧院的大厅以及一个朝向街道开放的冬季花园。剧院临街一侧的主立面玻璃幕墙上的竖框、遮阳板和镶嵌的字母横幅，与《论坛报》大厦耸立的风格相呼应。一个巨大的"L"形石灰石结构（盐湖城的杰出建筑中常采用这种材料）将表演艺术中心与上面的办公楼彼此分离却又统一在一起。另外一个较小的相似结构则定义了光明透彻的冬季花园大厅。就连包厢平台和阳台也能让人联想到盐湖城的其他建筑。

那些穿过艾克尔斯中心或与其相邻的通道，将整个建筑融入到这个大型的城市街区。建筑北侧的走廊将冬季花园与塔楼的大厅相连，来自街区内摄政大街停车场的游人可以由此进入两座不同的建筑。在建筑的南面，有一条街区通道通往一个广场，那里可以举办各种表演和节日庆典。这个广场不仅使街区更具活力，还将北面的商业零售区域和南面的公共区域连接在一起。

与主干大街一侧的立面相比，摄政大街一侧的立面风格显得更为轻松。零售店、排练大厅以及画廊的入口环绕在舞台大门的四周，将其隐藏于人们的视线之外。在建筑的南端，是摄政大街上的公共广场，这里可同时作为装卸区域和举办各种活动的空间。黑色玻璃盒子般的剧院突出在巨大的装卸门上方，并饰以五颜六色的壁画。在装卸过程中，这个广场是一个功能空间，而在其他时间里，它可以用来举办各种派对和表演，甚至可以作为农贸市场。

建筑核心部位巨大的舞台剧院靠向主干大街一侧，这是为了在紧缩的建设场地上给后台和其他配套设施留出更多的空间。这就使得门厅的进深较浅、举架很高，在大街上也能清晰可见，因此在进行演出的时候创造了一种活跃的都市气氛。剧场内特有的艺术品——彩色玻璃护栏是由艺术家保罗·霍斯伯格设计的，而水磨石地面则是由画家劳拉·夏普·威尔逊设计的，这些设计都为内部空间增添了激情和活力。剧院本身能够让人联想到犹他州的梯田式地貌景观，这里采用了暖色的木质镶板、金色的穿孔金属，整个空间显得灯火辉煌。而顶棚上无数的小型圆形灯具，看上去就如同夜空中闪烁的繁星。上部的照明和机械设备被声学材料遮挡起来。

为了使这个大型剧院在这个拥挤的城市空间内更为完美，佩里-克拉克-佩里事务所增加了第三层楼座，从而减少了剧院的占地面积。为了使这些位于高层的观众席能够吸引戏剧迷，设计师在同一高度上还修建了室外露台，在上面可以俯瞰主干大街。这种露台通常设有咖啡馆和座位，在盐湖城极有吸引力，不仅可以吸引人们来到建筑的顶部，还可以使人们在通往上层的路途中稍作休息。

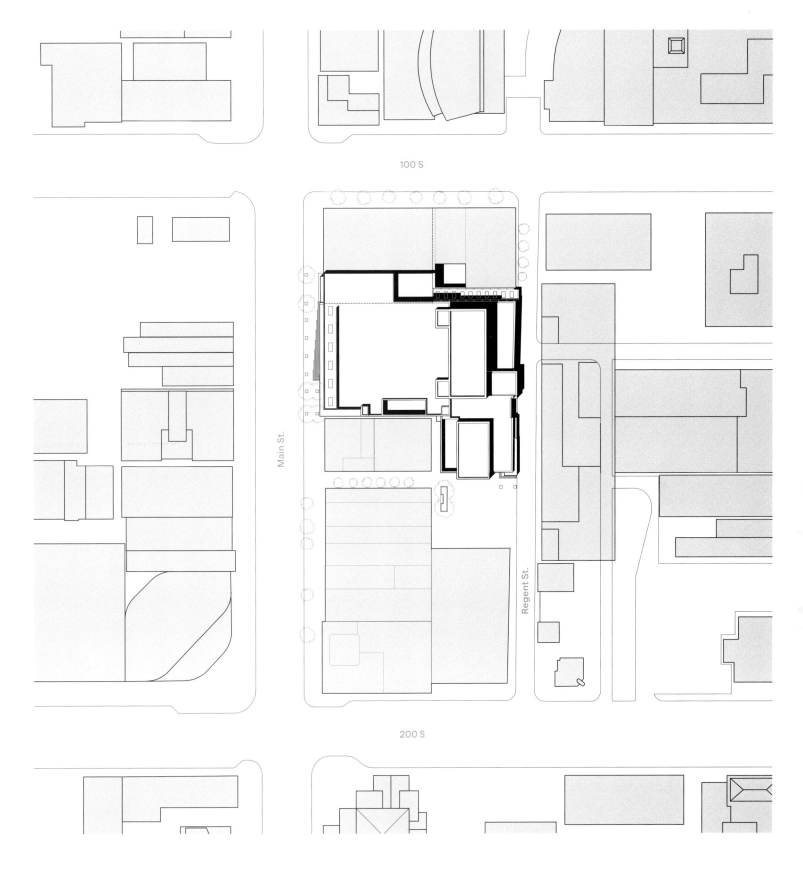

100 S

Main St.

Regent St.

200 S

0   75   150 Ft.

The Eccles Theater lobby is narrow and tall with balconies that arc toward Main Street. The colorful glass rails are by glass artist Paul Housberg. 剧院大堂虽然显得十分狭长，但举架又很高。从内部的阳台可以看到外面主干道的景色。五颜六色的玻璃扶手由玻璃制品艺术家保罗·豪斯博格设计。

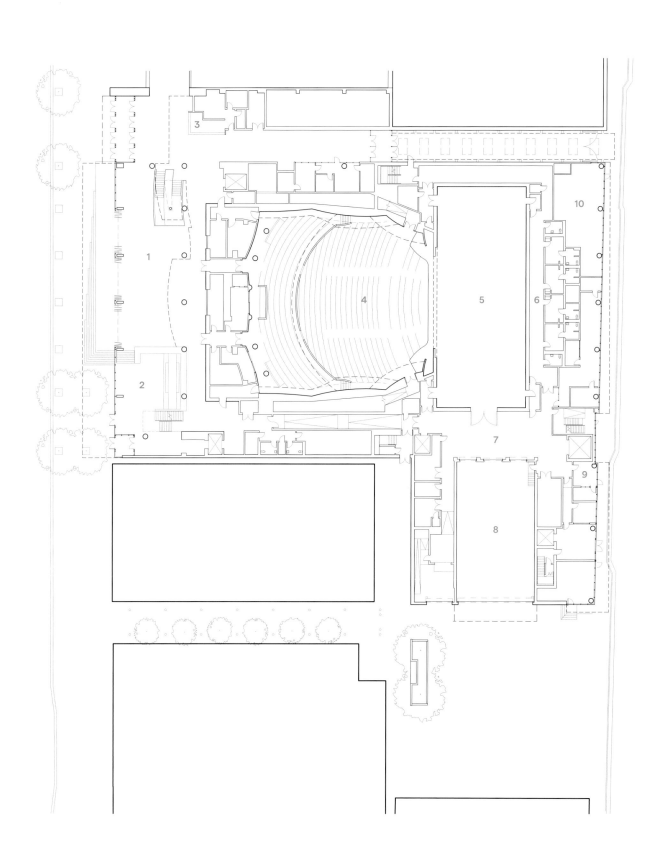

1.门厅　2.咖啡馆　3.售票处　4.多功能大厅　5.舞台　6.化装间　7.布景存放处
8.装卸区域　9.舞台大门　10.零售区域

0　　25　　50 Ft.

Delta Performance Hall. The walls refer abstractly to the terraced topography of Utah's canyons, and the ceiling its night sky.

德尔塔表演大厅的墙壁抽象地体现了犹他州大峡谷的梯田式地貌，顶棚则犹如繁星满天的夜空。

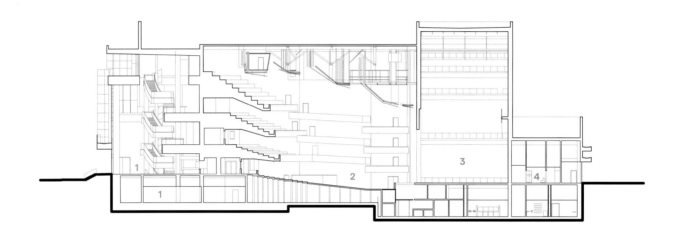

1.门厅　2.演出大厅　3.舞台　4.化装间

The undersides of the balconies are finished with plaster, and the curving balcony walls are clad in light-colored perforated metal panels with shimmering gold fabric behind.

阳台下方用石膏装饰表面。起伏的阳台墙面上覆盖着淡色的穿孔金属板、后侧衬着微微发亮的金色布料。

Eccles Theater from the southeast, as seen from Regent Street. The space—McCarthey Plaza—doubles as a loading area for the theater and public gathering space.

从东南方向的摄政大街上看到的艾克尔斯剧院，可以看出麦卡锡广场可以同时作为装卸区域和公众集会的空间。

上图：一个可以俯瞰麦卡西广场的实验剧场，可以用来举办各种活动和表演
右图：从摄政大街上可以清晰地看见艾克尔斯剧院的排练室，可与外面的城市一起分享艺术中心的活动

　　影响剧院设计的一个全新理念就是跨学科性——这使适合不同类型的表演和功能的空间成为可能。今天，观演建筑应该更为灵活，它们要在技术上、程序上适应不断变化的需求。

——米奇·赫希

An office tower, 111 Main, rises above the performing arts center. A passageway to Main Street was created, linking Regent Street with both the Eccles lobby and office tower's lobby.
111MAIN办公大楼耸立于艺术中心之上。为此建立了一条通往主干大街的通道，并将摄政大街与艾克尔斯剧院的门厅以及办公大楼的门厅连接在一起。

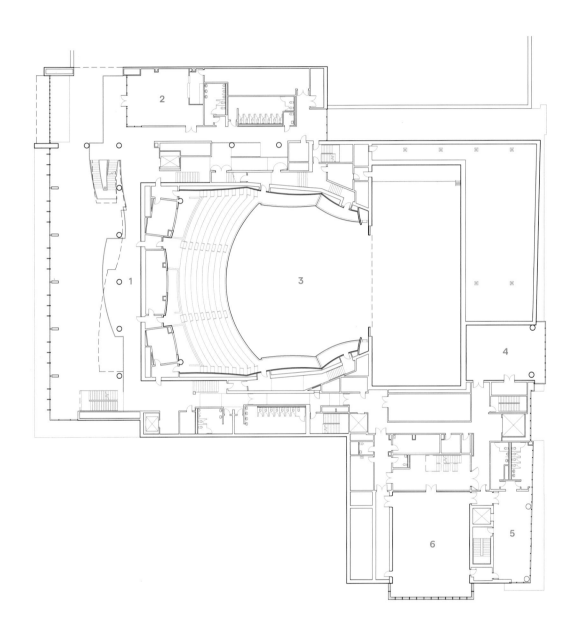

1.门厅　2.俱乐部　3.多功能大厅　4.排练室　5.门厅　6.演播剧场

0　　　25　　　50 Ft.

艾克尔斯剧院建筑，与周边的城市建筑风格产生了共鸣。

Eccles Theater is a composition of horizontal and vertical elements that resonate with the rhythm of the surrounding city.

温特鲁斯特体育馆

芝加哥，伊利诺斯州 ｜ 预计2017年完工

Wintrust
Arena

Chicago, Illinois
2017

A rendering of Wintrust Arena from the southwest corner. The façades are transparent, allowing views into the arena from the street.

与塔尔萨的BOK中心一样，温特鲁斯特体育馆也是一个多功能的活动场所。可以承办各种艺术表演和体育赛事，也可以举行专题演讲等与会议相关的活动。尽管不是传统意义上的观演建筑，但是，西萨·佩里的观演建筑设计经验，仍然从根本上使这些场馆获益匪浅。设计公司的观演建筑设计团队领导了这些项目的设计工作，众多的顾问人员也对这座建筑做出了巨大贡献，包括声学家、剧院设计师、舞台灯光顾问等都成了团队的成员。

体育场馆通常是城市构造中的盲点，它们巨大的身躯往往也不是透明的，这使它看上去单调乏味，只有在举行赛事的时候才能充满活跃的气氛。即便如此，举行的活动也与街边的生活完全隔离。在塔尔萨和芝加哥，佩里-克拉克-佩里事务所努力尝试创造与周边街道交相辉映的场馆，使外部世界能够分享内部活动的氛围，并通过设计使场馆在任何时刻都显得活力十足，而不仅仅是在活动进行的时候。

温特鲁斯特体育馆位于芝加哥南部，是德保罗大学男女篮球队的主场，同时也作为全国最大的会议中心——迈考密展览中心的活动空间。活动中心是一项重新开发规划的组成部分。在规划中，整个周边的街区被改造成一个充满活力的娱乐城区，将要新建餐饮和娱乐场所、酒店以及街道景观。

该场馆最有创意的设计就是屋顶，它向上凸起，高悬在观众席的上方，让人联想到芝加哥一些重要的集会场所，例如阿德勒和沙利文礼堂、罗斯福大学剧院、海军码头大厅和联合车站等。呈阶梯状的弧形屋顶也很像一排弯弯的眉毛。当夜幕降临，它们与散发出的灯光共同形成了别具特色的图案造型，即使在芝加哥中央商务区的环路地带也能看到。在场馆内部，顶部的结构暴露在外，那些支撑着屋顶的钢桁架也成为设计中富有表现力的重要部分。最终，温特鲁斯特体育馆成为热情奔放的芝加哥建筑传统的一部分，将建筑工程升华到了艺术的层次。

尽管这是一个独特的当代建筑设计，但是却源自于对邻近城区的精心研究。场馆位于草原大道步行街区的边界，坐落在规模更大的会议中心园区内。在设计中，场馆成为二者的过渡区域。向上隆起的屋顶可以使屋檐更低，几乎与周围建筑的高度一致。此外，在建筑的周围还建造了一些采用金属罩面，并且规模适中的厅馆，不仅使建筑规模的变化更为平滑，还为活动中心提供了众多的配套空间，诸如垂直循环系统、特许经营店、洗手间等都设在其中。这不仅有助于表达建筑的都市化风韵，还使这里成为一个特别宽敞的竞技场馆。

这些金属厅馆之间是高高的玻璃幕墙，从而使大街上的行人可以看到馆内举行的活动和赛事。在馆内西南角的观众席后面，过路的行人可以通过透明立面一窥馆内的活动。另外，被称为"魔鬼平台"的悬臂式看台部分，是预留给德保罗大学蓝魔队球迷的。

这个拥有10600个座位的体育馆与街道处于同一高度，用于观众流通的宽敞大厅和高大的楼梯都十分靠近人行道，从街道上可以直接进入活动中心的一些便利设施。诸如装卸区域、机械控制室、后台区域以及更衣室等配套设施都巧妙地设置在了不显眼的位置。不过，为了丰富街区的生活，零售店和特许经营店都设置在了透明的、便于访问的临街地面层。

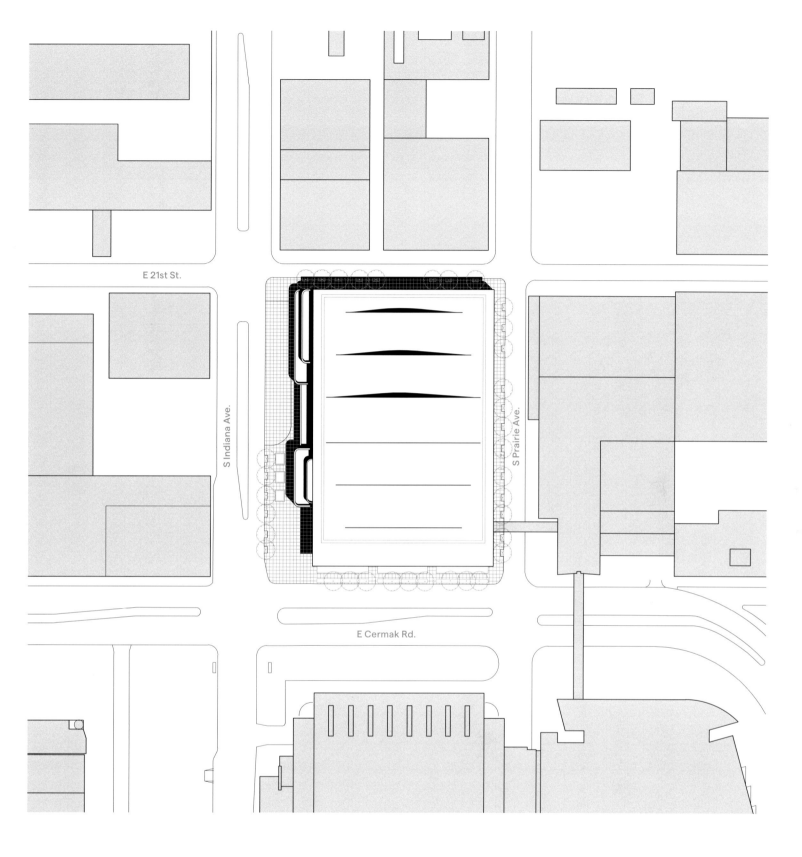

E 21st St.

S Indiana Ave.

S Prairie Ave.

E Cermak Rd.

0   75   150 Ft.

The roof swells over the arena but stays as low as possible at its edges. This allows the building to fit into the scale of the neighborhood, presents an iconic image to downtown Chicago, and continues the tradition of great Chicago interior public spaces. 温特鲁斯特体育的屋顶向上隆起，但是边缘却尽可能保持在了较低的高度，使建筑与街区内邻近建筑的规模协调一致。这不仅展现了芝加哥市中心的标志性形象，还继承了芝加哥大型室内公共空间的传统。

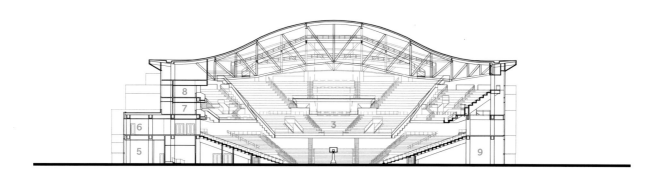

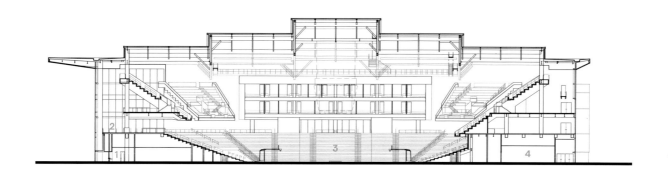

1.售票处 2.主门厅 3.多功能场馆 4.厨房 5.培训室 6.俱乐部
7.下层套房 8.上层套房 9.制作区域

0   30   60 Ft.

View to the roof between two corrugated, textured pavilions.
位于两个波纹状金属罩面的厅馆之间的屋顶视图。

这些环绕在建筑四周的厅馆，内部包含了很多场馆的配套空间，并与突出的屋顶和透明的立面构成了建筑的外观
造型。

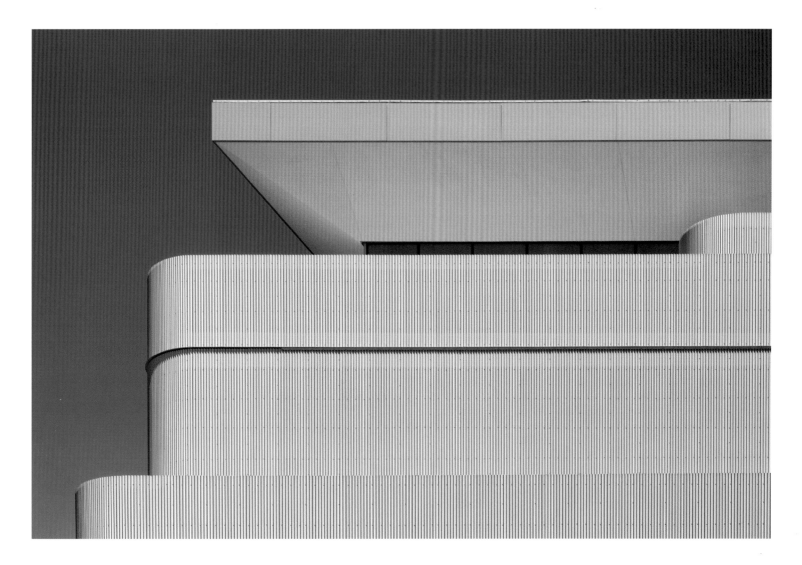

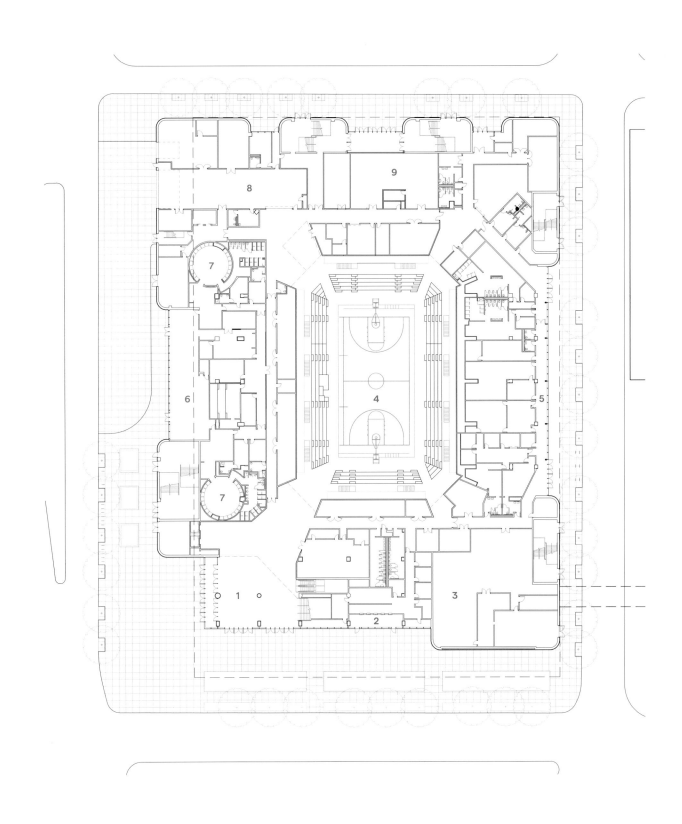

1.门厅　2.售票处　3.机械室　4.多功能场馆　5.制作区域　6.培训室　7.更衣室
8.装卸区　9.厨房

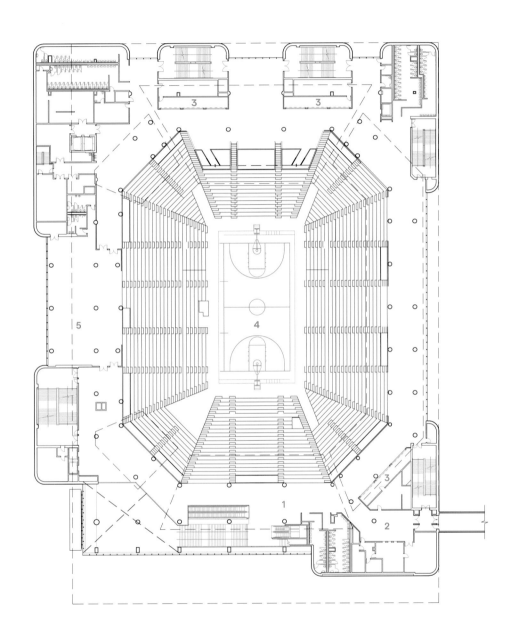

1. 主门厅　2. 过街天桥大厅　3. 特许经营店　4. 多功能场馆　5. 俱乐部

Arena seating can be configured to accommodate concerts and staged events.

场馆的坐席可以改变为适合音乐会和舞台表演的布局。

The roof over the arena rises in a series of stepped arches. The exposed steel structure recalls Chicago's tradition of "engineering raised to the level of art." 场馆顶部以一系列逐级上升的拱形结构向上隆起。暴露在外的钢结构让人想起了芝加哥的传统——"将工程升华到艺术层次"

The arena under construction at time of publication. The scoreboard is being lifted into place under the arching blue steel structure. The transparent south façade is visible behind the upper-level seating.本书出版的时候，该场馆正在建造之中。记分牌正在被吊装到蓝色弧形钢结构下面的位置。在这里可以看到南侧上层观众席后面的透明立面。

多功能礼堂

Multi-Purpose Auditorium

The Hong Kong University of Science and Technology, Hong Kong, China
Design Competition, 2015

The ribbon-like roof envelops the glass façade, giving a striking appearance against the rolling topography. 缎带一样的屋顶将玻璃立面环绕在内，建筑的外观在山峦的映衬之下显得格外迷人。

2015年，佩里-克拉克-佩里建筑事务所应邀向香港科技大学提交了全新多功能礼堂的设计方案。该项目体现出观演建筑在大学校园发展中的重要作用。

创建于1991年的香港科技大学是一所注重跨学科应用的理工类公立大学。新建不久的校园位于一片绿意盎然的斜坡之上，这里是新界东南部人口密度较低的地区，不仅可以俯瞰牛尾海的美景，还遍布着众多的自然保护公园。

校园周边层峦叠翠的地貌使新礼堂的地位更为重要——将主要的综合教学大楼与两个大型居住区中的一个连接起来。它邻近校园的南大门，驱车进入便可一睹它的芳容。

该建筑是一个全面的多功能礼堂，环绕在上面的螺旋带状屋顶十分引人注目，这一标志性的姿态展现了校园的风貌，体现了建筑的重要性，增强了校园的空间表现力。为了与邻近建筑不同的几何造型更加和谐一致，并且将重要的道路和地点连通在一起，以及为校园的南大门增添特色，设计师们

采用了扭曲的带状造型结构将礼堂环绕并覆盖在内。这种造型不仅将室外的空间很好地组织在一起，还在内部创造了良好的空间和人员流动方式。

屋顶的结构令人联想到亚洲传统的宝塔，宝塔顶部管状的竹子上面通常覆盖着一层薄薄的、弯曲的薄膜。设计师对这种古代屋顶技术的现代应用进行了一系列的研究，并采用了铝管、成形的混凝土面板和陶土瓷瓦等材料作为替代。与宝塔顶部曲线形的边缘相比，佩里-克拉克-佩里事务所设想了一个更为激进的曲线造型，而现代材料的运用使其成为可能。与事务所在过去设计的观演建筑和场馆极其相似的是，这座建筑也采用了大型的玻璃幕墙和天窗，使内部空间充满了自然光线，并且在巨大的门厅内部可以将外面的世界一览无余，反之亦然。

与屋顶相似，礼堂本身也是由曲线形的木制板条构成，但是表现的更为人性化，并具有温馨的触感。舞台的配置可以适合多种用途，包括台上的管弦乐演奏、乐池内的管弦乐演奏、百老汇风格的演出以及演讲和讲座等等。音效和坐席也都是可以调整的，以适应各种类型的用途。

HKUST North Entrance

University Ave.

HKUST South Entrance

0   125   250 Ft.

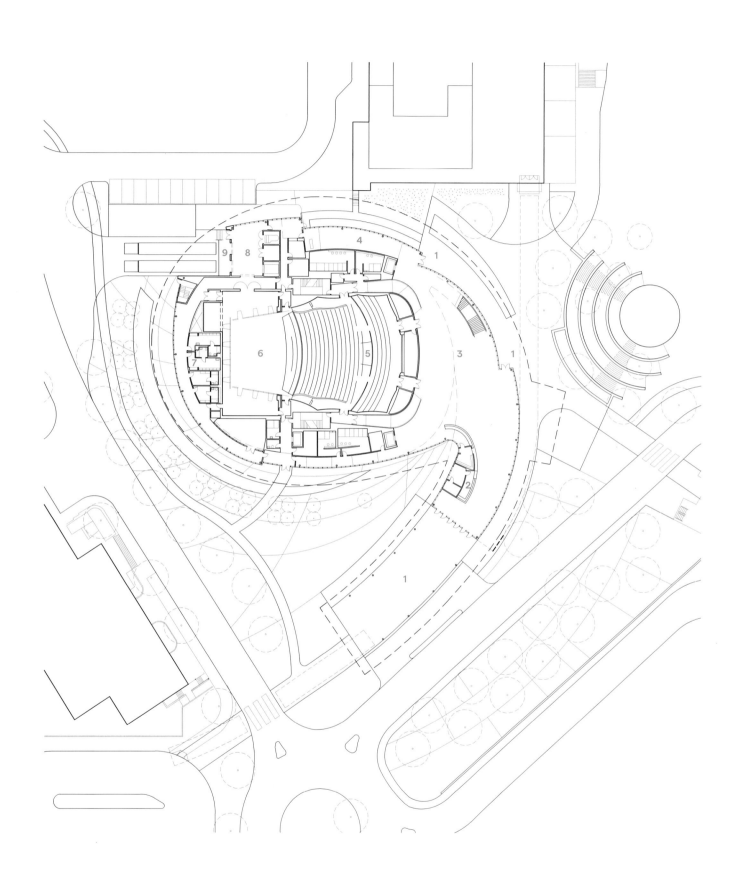

1.入口　2.售票处　3.门厅　4.画廊　5.多功能礼堂　6.舞台　7.化装间　8.布景存放处　9.装卸区

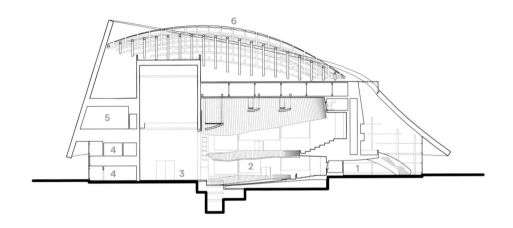

1. 门厅　2. 多功能大厅　3. 舞台　4. 化装间　5. 机械室　6. 光伏阵列

香港科技大学礼堂的多功能厅采用了暖色调的木板条进行装饰。与门厅和屋顶一样，楼座的造型也采用
了曲线的表达方式。大厅的配置可以进行调整，以适应各种个人和团体的表演。

戏剧学院

芝加哥德保罗大学　伊利诺斯州 | 2013年

The Theatre School, DePaul University

Chicago, Illinois
2013

The Theatre School, as seen from the corner of West Fullerton Avenue and North Racine Avenue. The volume of the black box theater projects over the building, and the activity within is visible to the city and passersby. 从西富勒顿大道和北拉辛大道的街角看到的戏剧学院，黑盒剧院的空间突出于建筑之外。市内的行人可以看到内部的各种活动。

在西萨·佩里的作品中，德保罗大学的戏剧学院结合了两种不同的建筑类型——观演建筑和教学大楼，因而显得别具一格。事务所对此类建筑有着丰富的经验。戏剧学院包括一个小型的伸出式舞台剧院和一个实验性的"黑盒剧场"（或称灵活性剧场），此外还有一些相应的配套空间：包括场景工作室、戏装设计工作室、售票处、排练室、化装间等。同时，尽管设计十分独特，但是戏剧学院还是一个教学楼。除了教职人员的办公室之外，这里还有一些表演研究室和具有学生中心特点的便利设施，比如公共座位区、学习休息室和室外聚会空间等。

德保罗戏剧学院是全国同类院校的佼佼者，位于芝加哥德保罗大学的林肯公园校区。芝加哥以众多的现场表演剧院而闻名，戏剧学院成为创造力的源泉，培养了大量的演员、导演、制作设计师、剧作家，他们之中的很多人都取得了巨大的成功。在新建筑投入使用之前，戏剧学院一直使用教区学校的校舍。

尽管那里的设施并不理想，但是老式的小学教室和走廊却有助于培养一种活泼的、强烈的团队意识。学生和教职人员将那里的空间按照自己的需求进行了改造，感觉十分舒适惬意。就是在这个非同寻常的建筑空间里，很多小型的实验性作品脱颖而出。对于学院来说，保持"可控的混乱"局面是尤为重要的。正如他们所称，在新的建筑中，这将培养一种团队意识和自己动手创作的氛围，新颖的表演作品随时随地都可能破茧而出。

新建筑的建设地点位于西富勒顿大道的拐角处，它是穿过德保罗大学和林肯公园的主要干道。而北拉辛大道则成为大学西部边缘的标志。这一地点具有两个挑战性，首先，新建筑将成为大学校园的标志性门户，以其新颖的特色成为校园与城市之间的过渡。其次，由于城市对建筑高度的限制，密集的城市建筑空间，以及某些特定的元素必须设在地面层上，这些因素都使新建筑的规划设计十分棘手。

佩里-克拉克-佩里事务所通过一项措施解决了这两个问题：他们将实验性的"黑盒剧场"提高到四层建筑的顶部，从而在地面层为计划中的其他部分腾出了空间。此外，他们还将"黑盒"突出在西富勒顿大道和北拉辛大道拐角处的上方，以地标建筑的姿态展现了戏剧学院的风貌，并告知人们这里已经进入了德保罗大学的校区。剧场的北侧是彩色玻璃幕墙，人们不仅可以在这里俯瞰繁华的西富勒顿大道，剧场本身也成为一个光彩照人的临街舞台。

戏剧学院在旧址的时候，学生们可以将建筑的任何部分转变成舞台。本着这一精神，佩里-克拉克-佩里事务所抓住这一机会，设计了很多可以作为表演场地的双重空间。在地面层朝向西富勒顿大道的一侧是伸展式舞台剧场的门厅，占据了建筑底部几层的空间。设计师在顶棚上设计了极具特色的舞台灯光，并建造了一个楼座，在上面可以俯瞰双倍高度的空间。于是，一个普通的剧院门厅可以如愿地成为一个功能完善的表演空间。

公众可以从西富勒顿大道直接进入伸展式舞台剧场的休息大厅，但是学生们则从北拉辛大道靠近大学校园的路段进入其中。一部覆盖着玻璃的黄色楼梯向上贯穿了整个建筑，成为各层之间的主要通道。建筑的各种功能分散在各层并相互融合，而不是分层设置并相互隔离的：在地面层和第四层都设有剧院；办公室分布在第二、四、五层；表演研究室和排练室设置在第三、四层；而聚会空间则遍布于每一个楼层。这种布局可以使各种不同的师生群体连续地遍布于整个建筑之中，创造了学院高度重视的"可控的混乱"局面。

通过建筑外观立面上具有动感韵律的落地玻璃窗和竖直的石灰石镶板，这种活跃的气氛被展现得淋漓尽致。由于需要使用装卸区域，所以场景工作室都设置在了沿着北拉辛大道一侧的地面层，并通过6米高的窗户向路人展示了内部的工作过程。在场景工作室和伸展式舞台剧场之间是大型布景偶尔需要通过的地方，那里有一座连接着中间层办公区的活动吊桥，可以在必要的时候开启，允许布景通过。

该建筑采用了各种节能措施，其中包括在整个建筑中采用多孔玻璃，屋顶设置绿化区域，以及为办公室、设计工作室和教室提供自然光线照明。也正是因为这样，该建筑获得了LEED的金奖认证。

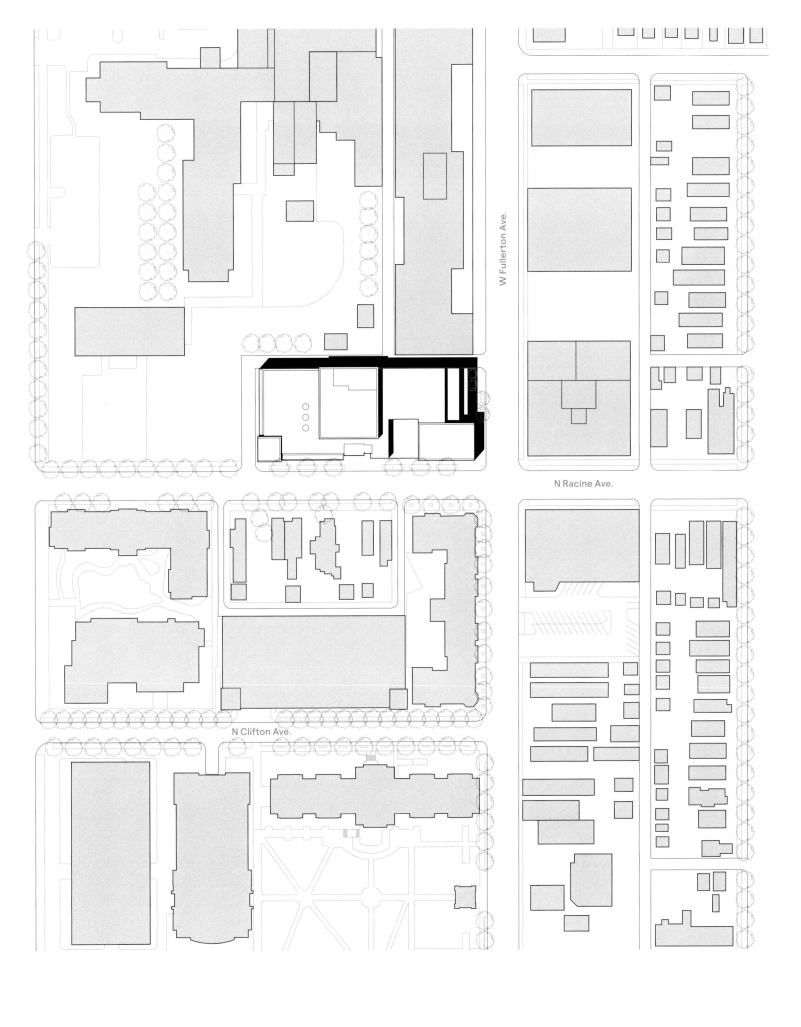

W Fullerton Ave.

N Racine Ave.

N Clifton Ave.

0   75   150 Ft.

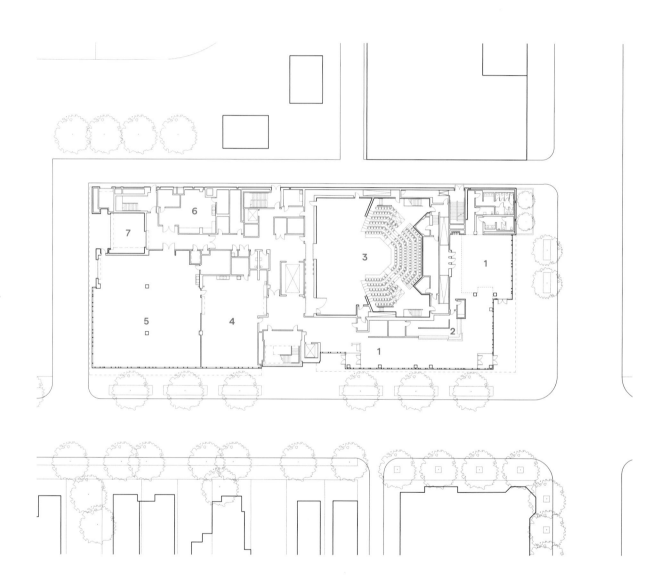

1. 门厅　2. 售票处　3. 伸展式舞台剧场　4. 绘画工作室　5. 场景工作室　6. 制作区　7. 装卸区

The window lights of the black box theater can change colors to suit the performance. The main lobby and entrance to the thrust theater is below. 为了适应不同的演出，"黑盒剧院" 的窗灯可以变换颜色，它的下面是伸展式舞台剧场的入口和主门厅。

The main lobby of The Theatre School, located on West Fullerton Avenue, is similar to a rehearsal room, allowing students to adapt the space for performances. 戏剧学院的主门厅位于西富勒顿大道一侧，很像一个排练室，学生可以将这里改变为表演场地。

The Theatre School's thrust theater, designed in collaboration with the school, places the audience at the heart of the performance, fostering the immediacy and intimacy that only live theater can provide. 与戏剧学院合作设计的伸展式舞台剧场，将观众置于演出的核心位置，营造了只有现场戏剧表演时才有的直接和亲密气氛。

THE THEATRE SCHOOL FOUNDED

The experimental black box theater looking to the north across West Fullerton Avenue. Curtains can be drawn to blackout the light and conceal the view. 实验性的 "黑盒剧院" 的北侧朝向西富勒顿大道，必要的时候可以放下窗帘以遮挡外部的光线和视线。

上图：演出之前的化装间情景

右图：一部吊桥将北侧的第二层与南侧相连，必要时可以开启，允许大型舞台布景从场景工作室运送到伸展式
舞台剧场

（西萨·佩里）设计的建筑可以支持我们特殊的社区活动，使我们能够与学生共度更多的时光。

——约翰·卡伯特

The movement, voice, and acting studios have unique daylighting and proportions—no two are the same. 众多的动作、声音和表演工作室都采用了独特的自然光线照明，在结构和比例上也各不相同。

上图：主要的学生入口位于北拉辛大道一侧的建筑中部，正对着德保罗大学林肯公园校区的中部。亮丽的
黄色楼梯贯穿了整个建筑，将多样的学生、教师和访问者群体连接在一起

右图：沿着北拉辛大道设置的场景工作室是双倍高度的空间，并刻意让行人看到内部的情景

我们敞开胸怀拥抱我们的社区，因此在校园和城市的构造中发挥了重要的作用。

——约翰·卡伯特

The Theatre School scene shop. Windows with transparent-colored welding curtains brighten the space and add to the rhythm of windows on the exterior. 戏剧学院的场景工作室。带有彩色透明焊接式窗帘的窗户不仅使室内空间显得光鲜亮丽，在外部也体现了窗户的韵律感。

圣·凯瑟琳·德雷克塞尔教堂

路易斯安那泽维尔大学，新奥尔良，路易斯安那州 | 2012年

St. Katharine Drexel Chapel

Xavier University of Louisiana, New Orleans, Louisiana
2012

The building's limestone and copper finish establishes a unique presence on the campus of this historic institution. 用石灰石和铜材装饰的建筑外观令这个历史悠久的机构以独特的风貌出现在校园之中。

圣·凯瑟琳·德雷克塞尔教堂是路易斯安那泽维尔大学礼拜仪式的中心场地，该大学也是唯一的具有悠久历史的黑人天主教大学。尽管教堂本身并不是一个观演建筑，但它却是由佩里-克拉克-佩里事务所的表演艺术设计团队设计的。而且，在它的设计中也面临着很多与更为传统的表演场地相同的问题：音响效果、灯光照明、观众的体验和剧院规划。

1915年，圣·凯瑟琳·德雷克塞尔和她创建的教团——姐妹圣餐会在新奥尔良附近的格尔特镇创办了泽维尔大学。圣·凯瑟琳（1858—1955）继承了德雷克塞尔家族的遗产后，便开始用她的财富和一生去帮助那些弱势的群体，尤其是美国的印第安和非洲后裔。

在20世纪20年代，泽维尔大学曾经有过建造教堂的计划，但是直到90年代才筹集到必须的资金。常年担任校长的诺曼·C. 弗朗西斯博士年轻时就与圣·凯瑟琳一起工作，他从儿子那里了解到佩里-克拉克-佩里建筑事务所。当时他的儿子是爱达荷大学莱昂内尔·汉普顿爵士音乐节大厅项目的客户组成员（这个项目并没有进行建造）。于是，弗朗西斯博士与同事们一起来到了纽黑文与事务所进行了交流和探讨。几个月之后，他们便将这一项目的设计工作委托给了事务所。可不幸的是，数月之后卡特琳娜飓风袭击了校园，这一项目被推迟到了几年之后。

该建筑位于校园的南端，庞恰特雷恩高速公路的高架桥部分在那里形成了围墙一样的边界。建筑呈轴对称平面布局，坐落在一条长长的斜坡人行道旁边，并与校园内一个老建筑的露台对望。1987年，罗马教皇保罗二世曾在那个露台上对来自全美天主教大学的校长们发表演讲。

遵照第二次梵蒂冈大公会议的礼拜仪式指导规则（由天主教会在20世纪60年代初期制定的一系列文件，包括教堂设计的指导），教堂采用了八边形的平面布局，这种造型使牧师和神父被他的信众围绕在中间，目的在于打破教堂中传统的等级氛围。八边形的主体建筑在石灰石基座上竖直向上伸展，铜材罩面的屋顶向一面倾斜并略微向内凹进，创造了一种类似穹顶的造型。4.6米高的十字架威严矗立在屋顶之上，从高速公路上便可以望到。

按照新奥尔良相关规定的要求，建筑的第一层比地面高出了1.2米。一条24米长的坡道缓缓通向教堂，道边栽满了各种植物，为参加教堂仪式的行进队列创造了贴近自然的环境。走近教堂后，信众们可以穿过一扇用枫木和玻璃制成的大门进入教堂的前厅。这个举架较低的入口大厅在顶部设有一个天窗，可以看到教堂顶部的十字架，这里还为教堂的一些辅助功能提供了空间，比如圣物室、办公室和卫生间等。

在拥有430个座位的圣殿内，顶棚高达20米。阳光从顶部的一圈天窗射入，并被圣坛四周多孔的铝制幕墙散射到四处。一尊高达3.7的耶稣"飞升"圣像高悬在石灰石圣坛上，取代了常见的耶稣受难像。此外，教堂的四周环绕着充满艺术气息的彩色玻璃窗：其中包括由古巴艺术家何塞·贝迪亚设计的14幅耶稣受难过程图，还有新奥尔良玻璃艺术家劳雷尔·波尔卡里设计的挂毯式抽象作品。

与主圣殿直接相邻的是一个设有40个座位的白天礼拜堂，从外部看，它就位于钟塔的下面，是一个更小的八边形建筑。教堂的其他空间还包括一些工作和法衣室、一个调解室和一个会议室，它们都分布在两个圣殿之间。在教堂的外部，一个花园将白天礼拜堂环绕在内，人们可以在里面静坐冥思。这座教堂还获得了LEED的银奖评级。

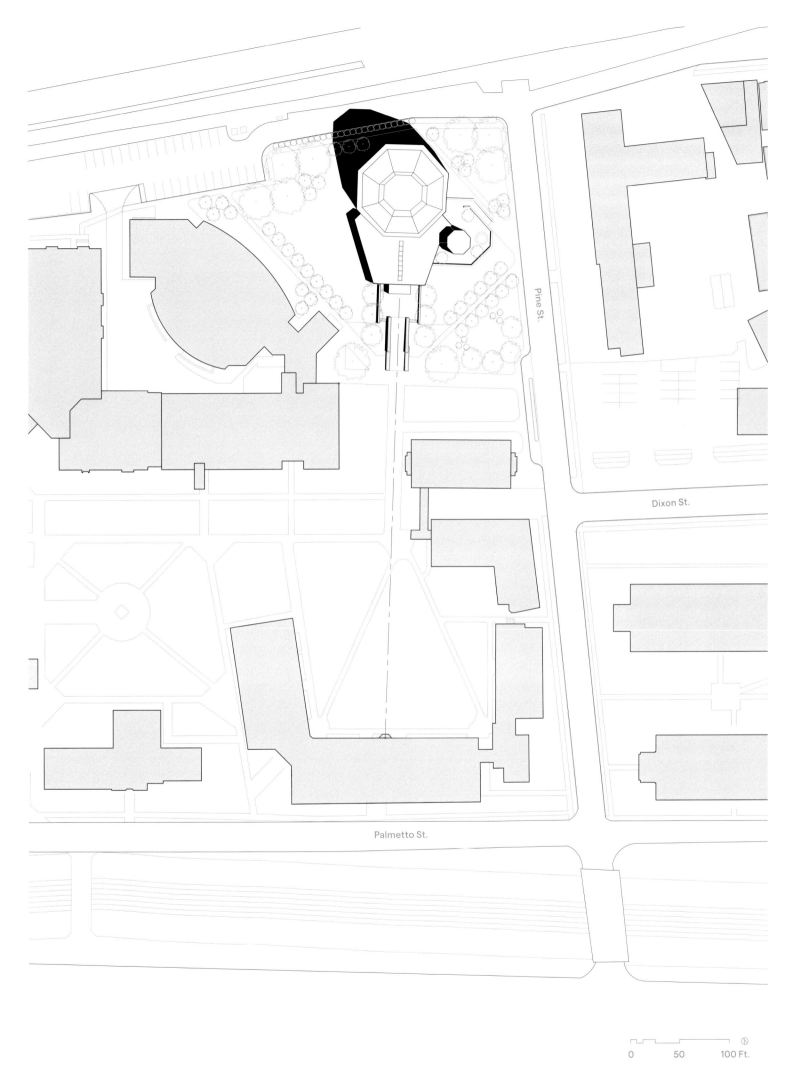

Pine St.

Dixon St.

Palmetto St.

0   50   100 Ft.

The main chapel space is embraced by a faceted perforated metal chancel screen, allowing diffused sunlight to fill the space during services and events. 主礼拜堂的空间被圣坛四周的多孔金属幕墙环绕，在礼拜仪式和各种活动进行的时候，这里弥漫着散射的阳光。

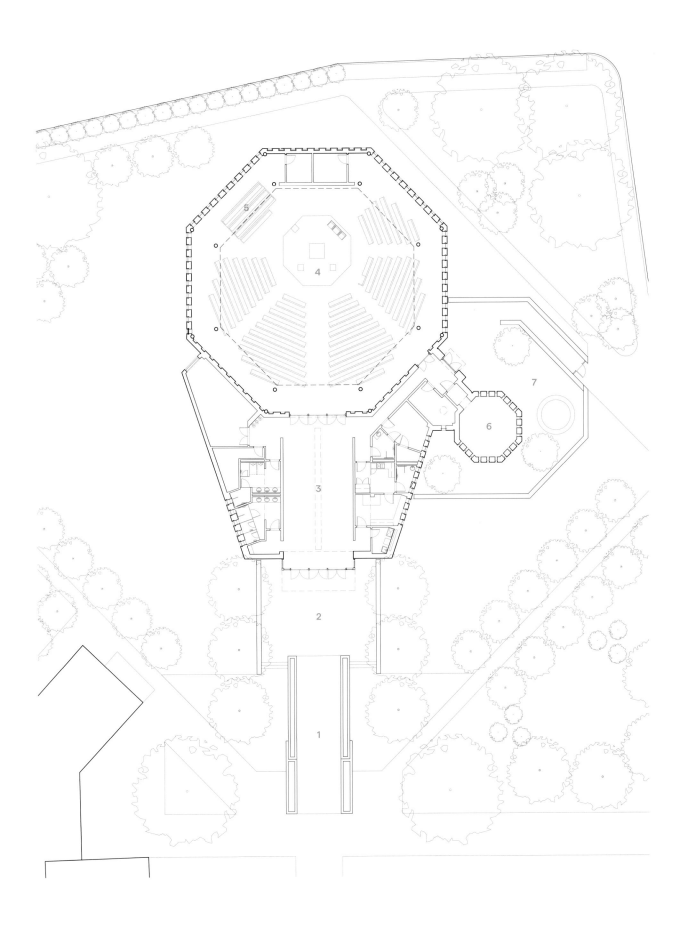

1. 坡道　2. 外部集会区　3. 教堂前厅　4. 圣殿　5. 唱诗班住处　6. 白天礼拜堂　7. 花园

The dome of the main chapel. A "risen" Christ, hand carved in Italy, floats above the congregation.
主礼拜堂的穹顶。一尊在意大利手工刻制的耶稣"飞升"的圣像高悬在教堂会众的头顶之上。

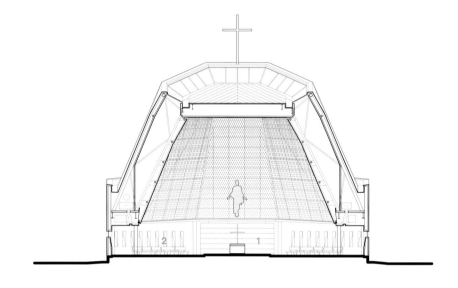

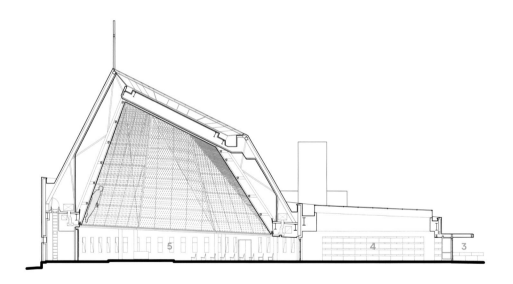

1.圣殿　2.唱诗班住处　3.外部集会　4.教堂前厅　5.圣殿

The main chapel conforms to the tenants of Vatican II, which specifies an inclusive sanctuary design intended to foster a community spirit. This creates a wonderful venue for choir and other musical performances. 主礼拜堂符合第二次梵蒂冈大公会议规定的细节。为了培养一种团体精神，设计师特别设计了一个具有包容性的圣殿，也为唱诗班和其他音乐表演者创造了一个美妙的场地。

JESUS ENCOUNTERS HIS MOTHER

JESUS IS BEWAILED BY THE WOMEN OF JERUSALEM

Jesus falls for the third time

Jesus dies on the cross

Jesus is taken to his tomb

A processional walkway rises toward the chapel. The main axis of the chapel is oriented toward a balcony on the university's oldest building, where Pope John Paul II once gave a benediction. 一条甬道缓缓向上通往教堂。按照新奥尔良的规定，教堂必须高于地面。教堂的主轴线正对着大学最古老的建筑上的露台，教皇保罗二世曾在那里为大家祝福。

BOK中心

塔尔萨，俄克拉荷马州 | 2008年

BOK Center

Tulsa, Oklahoma
2008

从塔尔萨市中心向西南方向看到的BOK中心。在这里，人们可以看到位于地面的主入口，还有通向场馆的最高层流畅的螺旋坡道。

BOK Center, as seen from downtown Tulsa, looking southwest. The main entrance is visible at grade and leads to a continuous spiral ramp that connects to the topmost arena level.

俄克拉荷马州塔尔萨的BOK中心是一个可以容纳18000名观众的体育和娱乐综合场馆,为塔尔萨及其周边地区带来了无数的国内和国际比赛及表演活动。在设计中将充满激情的当代建筑风格与当地的文化底蕴结合在一起,创造了一个具有真正俄克拉荷马特色的世界级建筑。通过灵活的布局,BOK中心可以举办曲棍球、室内足球、NCAA篮球锦标赛等体育比赛,还可以举行音乐会和其他各类大型公众集会活动。该项目也是塔尔萨县为了改善资本环境和促进经济发展而制订的一项展望至2025年的长远规划的核心项目。

在佩里-克拉克-佩里事务所的观演建筑项目中,BOK中心与芝加哥的温特鲁斯特竞技馆的地位相同,都是单一空间的多功能场馆。它们可以容纳数量众多的观众,拥有大功率的音响系统,需要举办体育赛事和各种大型集会活动。这些与本书中其他项目的特点是截然不同的。不过,它们可以算是一种特殊类型的观演建筑,有着与传统观演建筑相同的设计要素和需求,比如可调节的音响设备、剧场/赛场规划和灯光制作等。两种建筑都采用了透明的玻璃结构,创新性地将内外部空间的活动联系在一起。

BOK中心的客户团队希望该建筑的设计更侧重于表演艺术中心而不仅仅是体育场馆。而佩里-克拉克-佩里事务所的经验是其赢得这一项目的决定性因素。客户团队还希望它成为一个标志性建筑,一个在各个方向上,尤其是朝向塔尔萨市中心的一侧,都具有迷人魅力的建筑。为了启动设计进程,包括塔尔萨市长在内的客户团队和设计团队走访参观了几个美国中型城市的类似项目,其中包括格林湾、俄克拉荷马城和哥伦布等城市。在旅程中,两个相关的构思浮现而出:首先,建筑应该是透明的;其次,主场地应该设在地面层的高度。这样,不仅从外部可以看到内部的活动,城市的美景也可以成为场馆内部体验的一部分。

BOK中心的设计采用了连贯的螺旋式不锈钢和玻璃幕墙,向内倾斜的外墙像涡旋一样将场地包围在内部。这种建筑表达方式与当地的美洲印第安人历史产生了共鸣:蜿蜒流过城市的南端的红河、穿越着塔尔萨市区的弯曲盘旋的高速公路,甚至是塔尔萨的历史中扮演了重要角色的龙卷风。建筑的入口和门厅都设置在了外墙交叠和分离的位置,从而吸引观众进入涡旋空间的内部,并吸引他们对内部活动和外部景观的注意力。在白天,巨大的玻璃幕墙使中心内部光线明亮。在夜晚,中心宛若一座闪光的灯塔,与美轮美奂的外部灯光交相辉映,焕发出新潮时尚的魅力。

通过吸引来自该地区的游客,BOK中心促进了塔尔萨中央商务区周边区域的振兴,在周围的街区内出现了众多新建的商店和咖啡馆。为了加强经济发展并促进塔尔萨的当地文化,BOK 中心内部的特许经营店都由当地的餐馆运营。这一精神也延伸到了建筑本身,包括标志性的弧形金属面板在内的很多建筑元素,都是由当地的制造商提供的。

为了与塔尔萨的传统建立更丰富的联系,BOK中心还收入了一些具有地域性的艺术作品。其中包括塔尔萨和纽约的画家乔·安杜绘制的高达数层,以骏马为题材的画作《梦乡》;雕塑家肯德尔·巴斯特和西蒙·艾伦设计的像云团一样的作品《层次》;切诺基部落的父子比尔·格拉斯和迪莫斯·格拉斯创作的《王国》,它们是四个嵌入水磨石地面的装饰图案,直径达到了6.7米;还有当地画家马克·刘易斯的25幅描绘塔尔萨大草原的风景画《高草之原》。

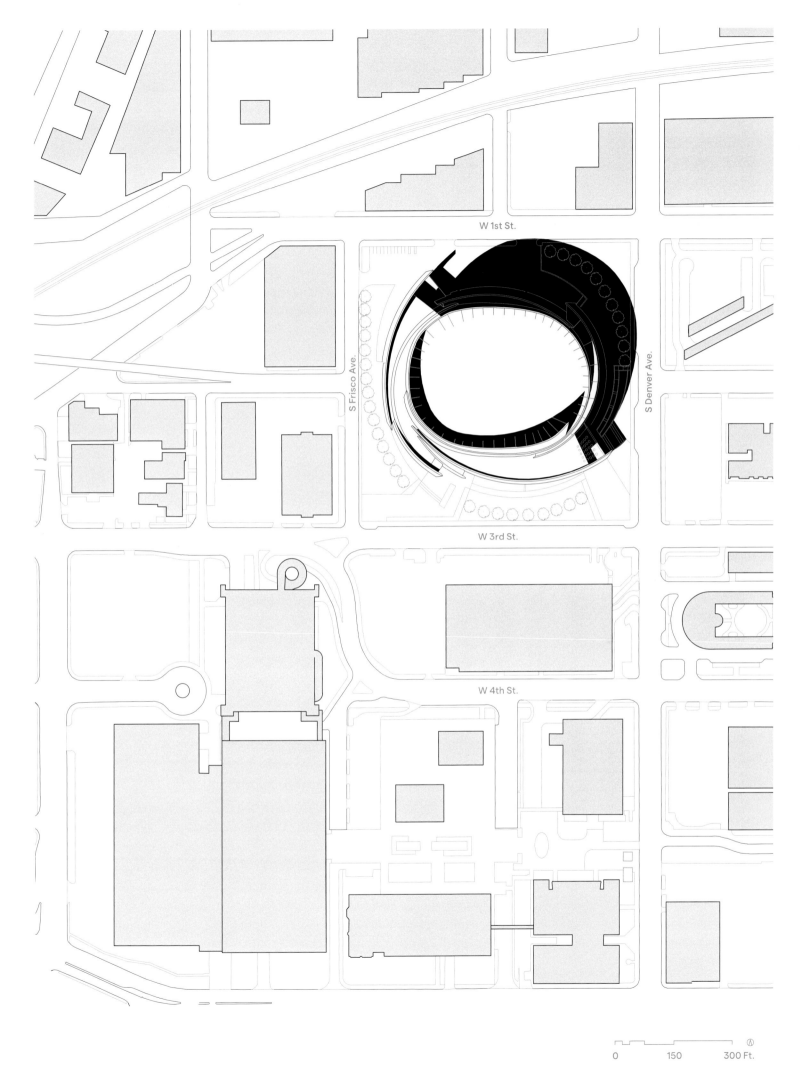

W 1st St.

S Frisco Ave.

S Denver Ave.

W 3rd St.

W 4th St.

0   150   300 Ft.

从地面跃起的一道曲线形玻璃幕墙创造了主入口空间。

One of the building's curving glass walls rises above grade to create the main entrance.

上图：为BOK中心特制的众多具有地域色彩的艺术品成了建筑的一部分，例如比尔和迪
莫斯·格拉斯设计的水磨石地面图案
右图：自然光线照耀着悬挂在大厅上方的艺术作品《层次》，它是由肯德尔·巴斯特和
西蒙·艾伦设计的

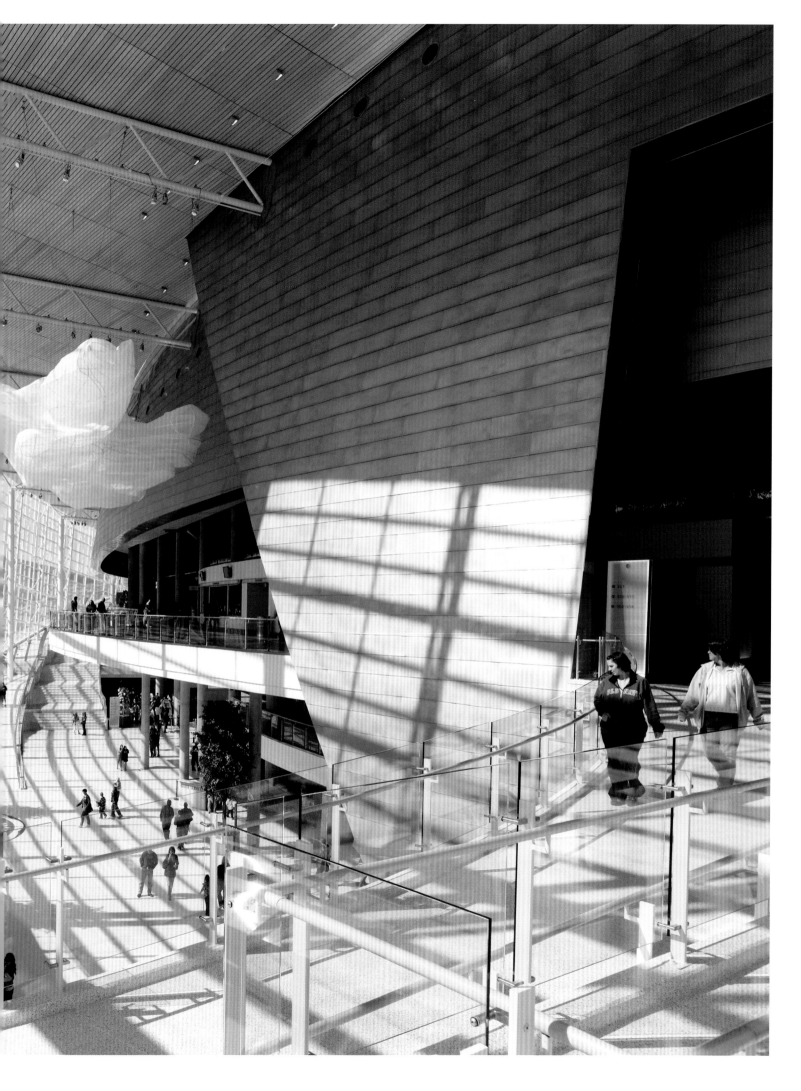

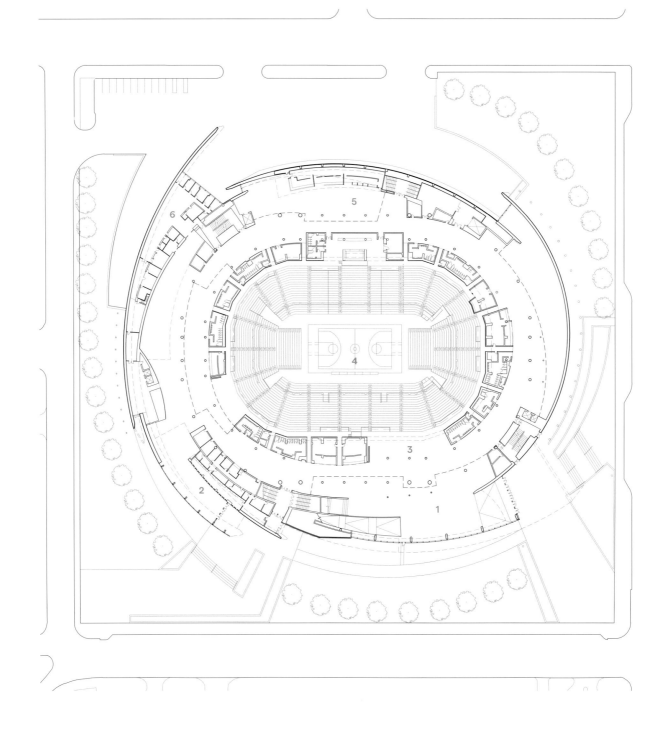

1.门厅 2.售票处 3.主大厅 4.多用途场地 5.特许经营店 6.办公室

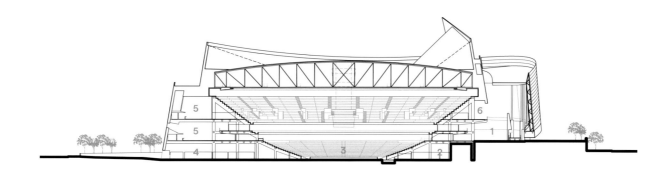

1.门厅 2.更衣室 3.多用途场地 4.小卖部 5.特许经营店 6.上层大厅

0   50   100 Ft.

The arena floor is below the level of the main entrance, allowing patrons to enter at the middle of the arena with easy access to their seats. BOK中心的比赛场地低于主入口的水平高度，使观众能够从中间高度进入观众席，便于找到自己的座位。

BOK中心的造型设计参考了经过此地的盘旋的高速公路以及附近蜿蜒流淌的红河，也受到了当地印第安人的住所和常见的龙卷风的启发。

The BOK Center design is inspired by the curving highways that pass the site, a nearby bend in the Red River, and local American Indian historical dwellings.

蕾妮&亨利·塞格尔斯特罗姆音乐厅和萨穆埃利剧院

科斯塔梅萨，加利福尼亚州 ｜ 2006年

Renée and Henry Segerstrom Concert Hall and Samueli Theater

Costa Mesa, California
2006

The curving glass façade of Segerstrom Concert Hall seen from the north. The serpentine façade waves in and out in response to the functions within and recalls the nearby Pacific Ocean. 塞格尔斯特罗姆音乐厅北侧曲面造型的玻璃立面。立面随着内部功能区域的布局呈现蛇形的波动造型，令人联想到附近的太平洋海浪。

塞格尔斯特罗姆音乐厅和萨穆埃利剧院是加州科斯塔梅萨艺术中心的核心部分。亨利·塞格尔斯特罗姆是一位农业富家子弟，也是奥兰治县（橙县）的开发创始者之一。按照他的愿望，中心应该是一个以文化生活为主题的建筑园区。

在20世纪90年代初期，佩里-克拉克-佩里事务所曾经为塞格尔斯特罗姆先生在该地的东部设计了一座高达21层的办公大厦。大厦位于塞格尔斯特罗姆大厅（这个3000座位的歌剧院不是佩里-克拉克-佩里事务所设计的）以北和公共雕塑花园——野口花园以南的中间地带。本世纪初，塞格尔斯特罗姆先生再次邀请事务所为酝酿之中的艺术中心做出总体规划，并在核心区域设计一座音乐大厅和剧院。

音乐厅的门厅被一道波动起伏的玻璃幕墙封闭，玻璃幕墙与北面歌剧院的主体几何造型形成了一个公共广场。动感十足、波动起伏的立面反射着夜空的美景，在某种程度上暗示着太平洋的海浪。在门厅内部，螺旋布局的彩色LED灯具向上盘旋，与曲线造型的玻璃幕墙交相辉映，创造了一个令人感觉舒适的曲线造型空间。外面的公共广场与国内最繁华的南岸购物中心——南岸广场毗邻，广场上还有一座由理查德·塞拉创作的犹如灯塔般的雕塑。

在音乐大厅的内部，柔和的曲线造型依旧随处可见。一层设有包厢坐席的楼座仿佛荡漾的涟漪，将大厅以及舞台的后部环绕，并延伸到一排银

色的风琴管之前。在上方，几乎与风琴管高度相同的位置，从顶部延伸下来一个引人注目的声学反射器罩棚，它向上和向外拱起，仿佛要将下面产生的强大声音笼罩在内部。音乐大厅的内部采用了大理石、银箔、木料和石膏等优质材料进行装饰。

在这个综合建筑的东侧和南侧，曲面造型被色彩亮丽、表面光滑的石灰石构成的平面和立方体造型所取代。在建筑的东北角，是萨穆埃利剧院的入口，入口上面以瀑布般倾泻而下的磨砂玻璃面板造型为标志，在夜晚，它们的内部会散发出柔和的灯光。这是一个小型的多功能剧院，具有多种配置和用途：可以作为"末端舞台"、圆形剧场，也可以举行会议和各种活动。

音乐大厅是与著名的声学家拉塞尔·约翰逊合作的成果。尽管内部的墙壁采用了曲面造型，但是它与传统的维也纳金色大厅（1870年）都属于用途单一、造型狭长的音乐厅，有时候被称作鞋盒式大厅。在大厅的侧壁、后壁以及坚硬的顶棚上面还隐藏了很多混响室。作为一个鞋盒式音乐大厅，塞格尔斯特罗姆音乐厅在南加州是独一无二的，也是对洛杉矶市中心的沃尔特·迪士尼音乐厅的一个重要补充，后者是一个类似圆形的葡萄园式大厅，观众席分布在舞台的四周。巡回演出的音乐家通常会根据演出计划在这两个音乐厅中挑选一个进行表演。

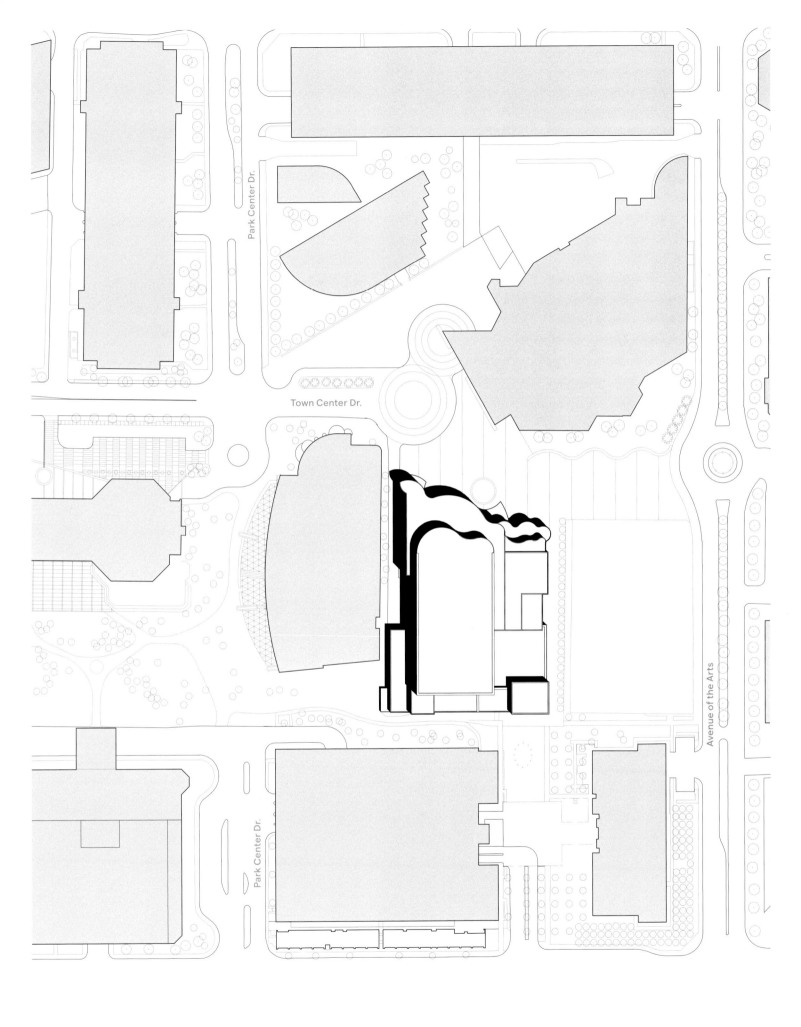

Park Center Dr.

Town Center Dr.

Park Center Dr.

Avenue of the Arts

0   75   150 Ft.

The light interiors glow through the transparent, undulating north façade composed of white limestone and glass bands. 北侧波动起伏的立面由白色的石灰石和透明玻璃构成，可以看到内部明亮的灯火。

门厅的中央是弧线形楼梯，楼梯上层地面的四周形成的环形开口上展示了捐助者的名字。上面是一部螺旋上升造型的LED吊灯。

The center of the lobby is occupied by a stair that curves around a circular opening in the floor where donors' names are displayed. A delicate LED chandelier spirals upwards.

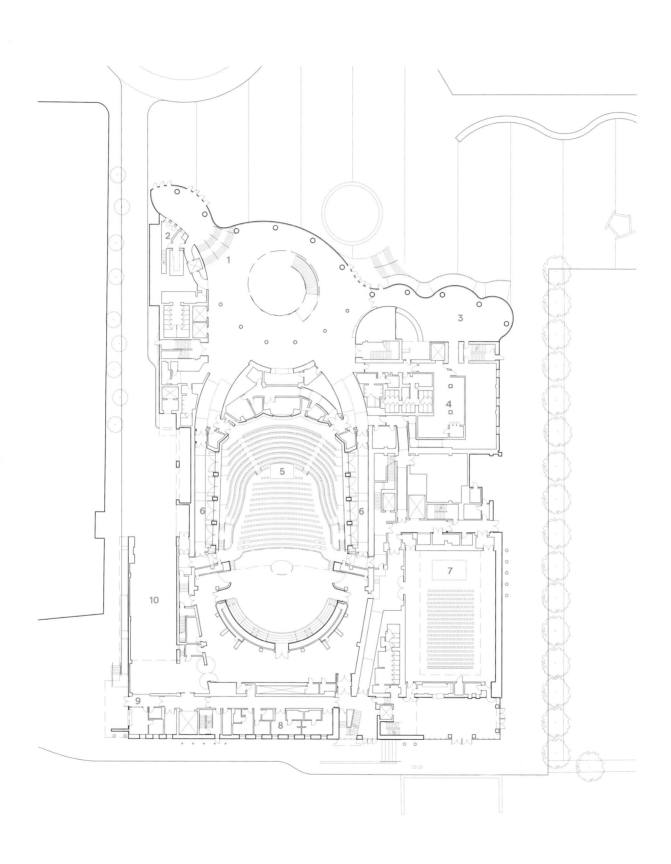

1.门厅　2.售票处　3.餐厅　4.厨房　5.音乐厅　6.混响室　7.演播剧场
8.化装间　9.舞台门　10.装卸区

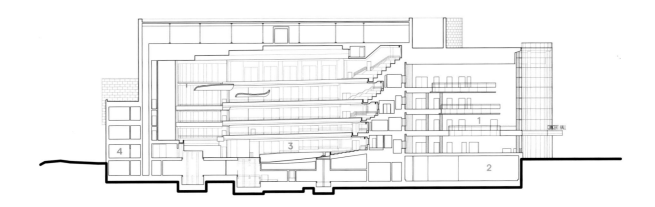

1.门厅　2.机械室　3.音乐厅　4.化装间

0　　　25　　　50 Ft.

塞格尔斯特罗姆音乐厅采用了与门厅和北侧立面相似的曲线造型，白色石膏罩面的多层楼座流畅地环绕在空间的四周，银箔装饰的罩棚高悬在管弦乐队平台的上方。

Segerstrom Concert Hall employs a formal vocabulary similar to its lobby and north façade. White plaster balconies gently flow around the room, and a silver-leaf canopy is suspended over the orchestra platform.

上图：萨穆埃利剧院的入口位于建筑的东北角，那里采用了石灰石结构的立方体造型。剧院入口上方高悬的一组玻璃面板构成了一个抽象的"门罩"

右图：这是一个灵活的剧院，正如图中所展示的，可以由传统的剧场转换为爵士乐俱乐部一样的背景环境

　　如果你觉得观众也是表演的一部分，并且仅仅是进入大厅的行进队伍就令人欢呼
雀跃，那么，看到门厅与剧场空间深刻的内在联系就非常重要。

——弗雷德·克拉克 FAIA（美国建筑师协会会员）

艾德里安·阿什特
表演艺术中心

迈阿密，弗罗里达州 ｜ 2006年

Adrienne Arsht Center for the Performing Arts of Miami-Dade County

Miami, Florida
2006

The Arsht Center looking toward North Miami. Knight Concert Hall is to the right, and Ziff Ballet Opera House to the left, separated by Biscayne Boulevard. 北望迈阿密阿什特中心，比斯坎林荫大道将其分立在两边，右边是骑士音乐厅，左边是齐夫芭蕾舞歌剧院。

迈阿密-戴德县的艾德里安·阿什特表演艺术中心是弗罗里达州南部首屈一指的观演建筑，也是美国第二大的艺术中心，仅次于纽约的林肯中心。阿什特中心由两座主建筑构成，桑福德&多洛雷斯·齐夫芭蕾舞歌剧院与约翰·S.詹姆斯骑士音乐厅，它们被室外的帕克尔和范恩·汤姆逊艺术广场彼此分开。阿什特中心是迈阿密城市芭蕾舞团和佛罗里达大歌剧团的驻地，也深受外来乐团和巡回演出者的喜爱。

通过一个独特的选择程序，佩里-克拉克-佩里事务所赢得了项目的设计任务。由当地的嘉宾和建筑师组成的委员会邀请了几家事务所进行公开面谈。然后选择了佩里-克拉克-佩里事务所、迈阿密知名的阿凯特托尼卡建筑事务所和雷姆·库哈斯著名的OMA鹿特丹分支办公室三家事务所进行设计竞标。并要求每家事务所在附近一家酒店的套房内建立自己的工作室。公众被不断地邀请到他们的房间内观看他们的设计草图、会议、方案起草和模型制作的过程。一个星期之后，三家事务所在酒店的会议室里向公众展示了他们各自的作品。随后，他们返回各自的总部进一步改进和完善设计方案。几周之后，他们再次回到这里进行最后的方案展示，迈阿密的官员、建筑师和感兴趣的居民对这些方案进行了讨论并投票选出了最终的获胜者。

佩里-克拉克-佩里事务所之所以能够获胜，主要在于他们洞察到迈阿密市中心北部的这片与高架公路毗邻的区域密度很低，没有任何具有深刻意义的公共建筑。而这个项目正好可以创造一个这样的建筑。佩里-克拉克-佩里事务所选择设计了两个彼此分离的建筑，并将它们放置在这片大型区域的两端。通过横跨在比斯坎林荫大道上的室外桥梁将它们连接在一起。其中一个建筑面对着北面邻近的社区，另一个朝向南面的市中心。在它们之间是大型的公共广场——艺术广场，上面设有公共艺术作品、漂亮的绿化景观和水景，还有餐饮区域。

芭蕾舞歌剧院和音乐大厅采用了相似的建筑风格，造型十分独特。每座建筑的主体都由一系列阶梯状的造型构成，并覆盖着浅色的撒丁岛花岗岩石。尽管它更具现代建筑的风韵，并给人以永恒和兴奋的感受，这种造型还是容易让人联想起古代的石头建筑。建筑入口处大型的玻璃幕墙和钢制框架打断了这种石头外观的触感，使建筑更具现代感，宛若水晶一般璀璨。对于迈阿密这种开阔平坦的城市景观来说，新建筑创造了一种人工景观，形成了封闭和归属的感受。

椭圆形的露天艺术广场将两个建筑分开在两侧，广场本身也被比斯坎林荫大道一分为二。该广场方便出入，适合举办各种各样的社会、文化和艺术活动。广场上还有柱廊、错落有致的花园露台，地面上铺设着具有非洲和加勒比地区风格的图案。隶属于希尔斯百货的，在1929年建造的大楼被保留了下来，并融入到广场的设计之中，它是迈阿密地区现存最早的装饰派艺术风格建筑。

除了设有2480个座位的主剧场，芭蕾舞歌剧院还包括一座拥有250个座位的嘉年华演播剧场，适合举办小型的演出。在主大厅内，一个引人注目的具有声学功能的穹顶高悬在观众的头顶之上。这是一个直径12米的凸面圆盘，上面分布的可以反射声音的圆形隆起结构能够将声音反射到整个空间。在可以容纳2200名观众的音乐大厅内，舞台的上方悬挂着一个螺旋造型的声学罩棚，上面环形布置的灯具使涡旋般的流动感更为强烈。

通过与迈阿密-戴德县"公共空间艺术"计划相结合，佩里-克拉克-佩里事务所与五位艺术家共同创造了被纳入到建筑之中的独特作品。他们分别是何塞·贝迪亚、罗伯特·拉维、扎卡尼奇、加里·摩尔、安娜·瓦伦蒂娜·默奇和昆杜·贝尔穆戴兹。在合作中，艺术作品都具有鲜明的地域特点，并通过安装成为建筑的一部分。这种与艺术家的合作已经成为佩里-克拉克-佩里事务所设计项目的标志，其中最为著名的就是塔尔萨的BOK中心和华盛顿特区的里根国家机场。

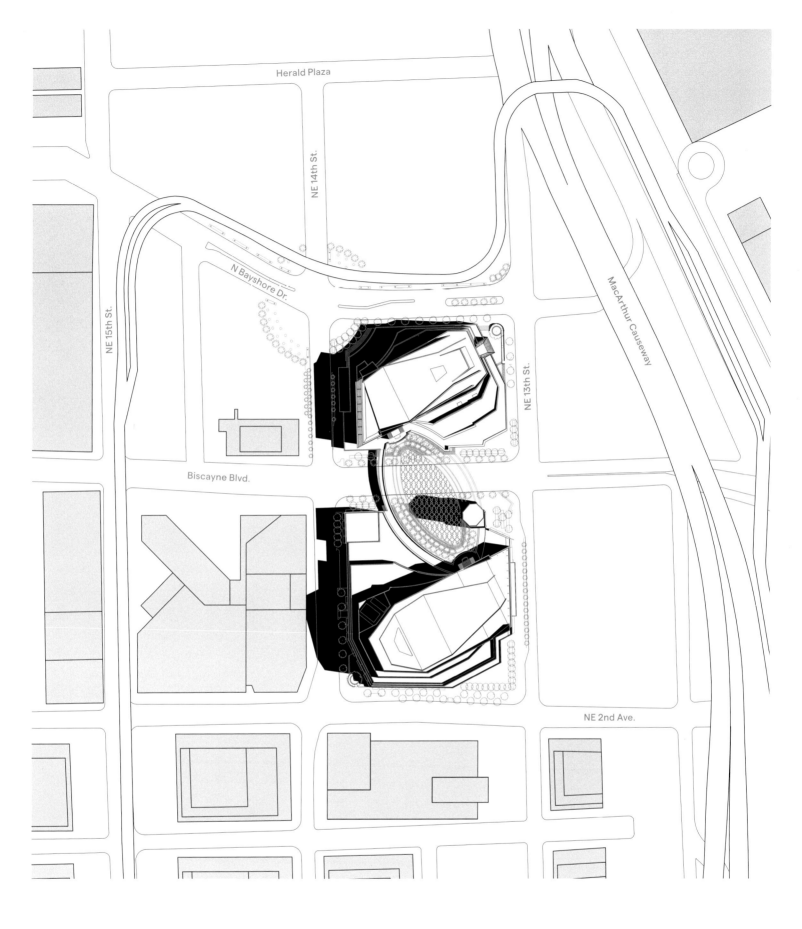

Herald Plaza

NE 14th St.

MacArthur Causeway

N Bayshore Dr.

NE 15th St.

NE 13th St.

Biscayne Blvd.

NE 2nd Ave.

0   100   200 Ft.

The granite forms of the Arsht Center seen from the east and Biscayne Bay. The concert hall is in the foreground, and the ballet opera house is behind. 从东面和比斯坎湾观看阿什特中心的花岗石外观造型。前景处是音乐大厅，后面是芭蕾舞歌剧院。

The architectural language of the two buildings combines massive, opaque granite forms with glowing, crystalline glass-and-metal elements that mark entrances and lobbies. 两座建筑大量采用了不透明的花岗石造型结构，并运用玻璃幕墙和钢制框架在入口和门厅创造了水晶一般晶莹剔透的效果。

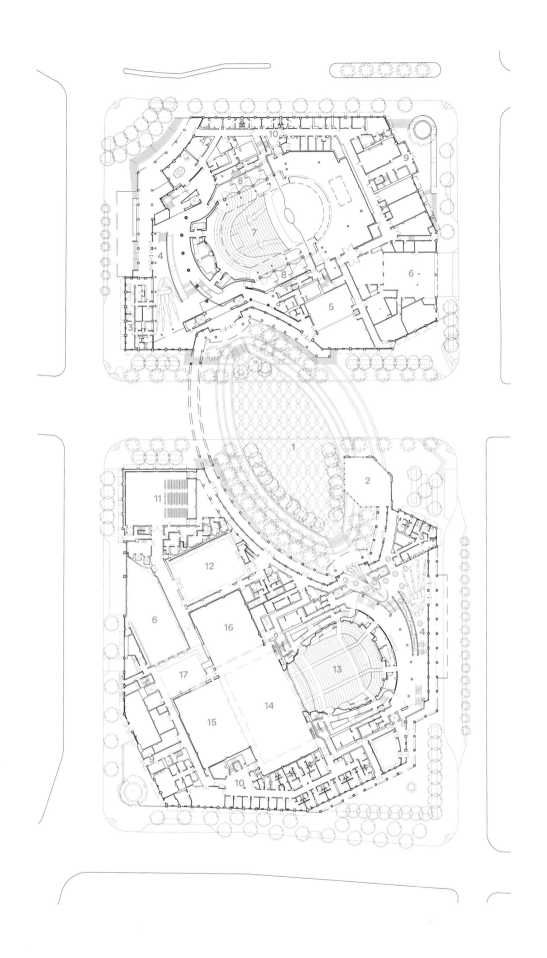

1.广场　2.咖啡馆　3.售票处　4.门厅　5.教室　6.装卸区　7.音乐厅　8.混响室　9.舞台门　10.化装间　11.演播剧场
12.排练室　13.芭蕾舞歌剧院　14.舞台　15.后部舞台　16.侧面舞台　17.布景存放处

0　　50　　100 Ft.

　　迈阿密的设计在设计过程和社会影响方面都是高度公开的。在构思的时候，阿什特中心被看作再现和改变当代迈阿密风貌的重要元素。

——弗雷德·克拉克

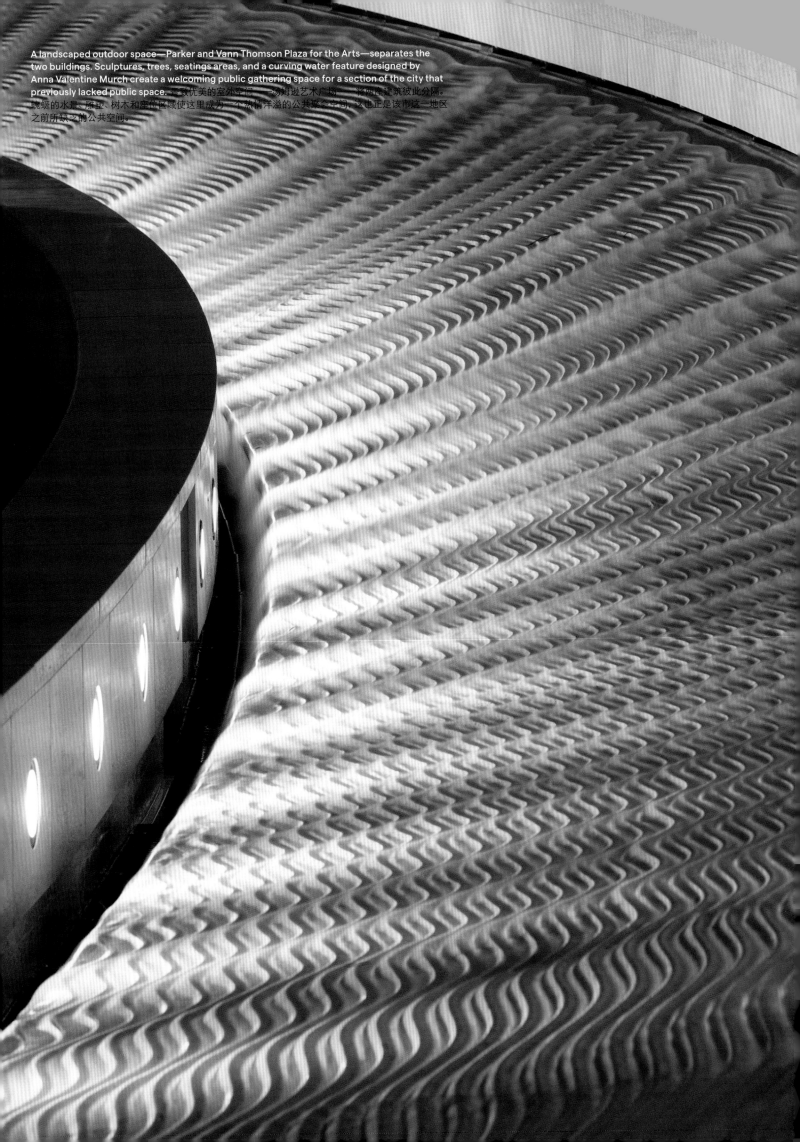

A landscaped outdoor space—Parker and Vann Thomson Plaza for the Arts—separates the two buildings. Sculptures, trees, seatings areas, and a curving water feature designed by Anna Valentine Murch create a welcoming public gathering space for a section of the city that previously lacked public space. 景致优美的室外空间——帕克姆逊艺术广场——将两座建筑彼此分隔。蜿蜒的水景、雕塑、树木和座位区域使这里成为一个热情洋溢的公共聚合空间，这也正是该市这一地区之前所缺乏的公共空间。

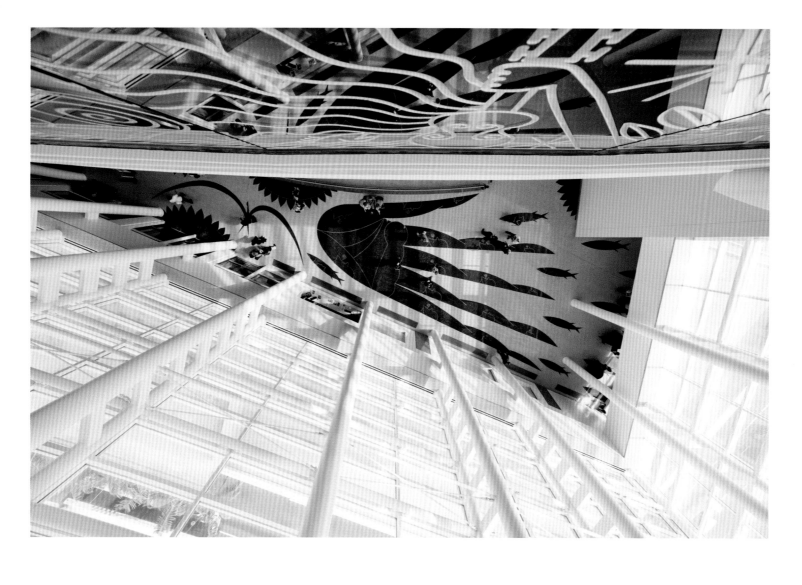

作为雄心勃勃的"公共空间艺术"计划的一部分，五位艺术家之一的古巴艺术家何塞·贝迪亚为两座建筑设计了水磨石地面和楼座的栏杆。左图为音乐厅的门厅，右图为芭蕾舞歌剧院的门厅。

The lobby of Ziff Ballet Opera House on opening night. Patrons are drawn to the balcony rails to people-watch and look south to the Miami skyline. The formal and material languages of the buildings' exteriors are continued inside, but at a smaller scale and with finer finishes. 演出之夜的齐夫芭蕾舞歌剧院门厅，观众被吸引到各层楼座的栏杆处，那里可以观赏迈阿密南部的天际线。建筑外部的造型和材料在内部依然被采用，只是规模更小，并配以更精细的装饰。

对于我来说，剧院是非常特别的建筑。想象一下人们去往剧院时怀有的特殊心情，与去往其他类型的建筑时是完全不同的。在博物馆内，你可以随意走动。而在剧院内，这是不可以的，去任何地方都必须目标明确。

——西萨·佩里

The Ziff Ballet Opera House during a performance. The Arsht Center has both a concert hall and ballet opera house rather than a single multipurpose hall. The designers were able to tailor the acoustics and theater planning of each house to its respective purpose.

演出中的齐夫芭蕾舞歌剧院。阿什特中心不是单一的多功能大厅，而是包括了音乐大厅和芭蕾舞歌剧院两座建筑。设计者可以根据它们各自的功能需求进行定制的音效设计和剧院规划。

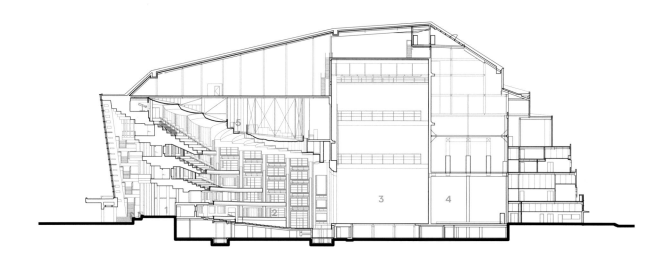

1.门厅 2.芭蕾舞歌剧院 3.舞台 4.后部舞台 5.照明顶棚

0   30   60 Ft.

The ceiling of Ziff Ballet Opera House. The materials of the ceiling are acoustically solid, acting as part of the reflector system. Stage lighting is carefully tucked away so it is not visible to the audience. 齐夫芭蕾舞歌剧院的顶棚。顶棚采用了具有声学功能的固体材料，可以作为声学反射系统的一部分。舞台照明系统被精心隐藏起来，观众无法看到。

Knight Concert Hall. Slatted wood walls and railings mask acoustic panels that reflect sound, and a spiraling concert canopy also holds stage lighting and loudspeakers. 阿什特中心的骑士音乐厅。墙壁和护栏上的木制板条将反射声音的隔音板遮蔽起来。一个涡旋形的罩棚高悬在舞台之上，上面还安装了舞台照明系统和扬声器。

The ceiling's acoustical canopy can be raised or lowered, depending upon the type of performance. It also contains the lighting for the orchestra platform and speakers for amplified performance. 根据演出的类型，顶棚上的声学罩棚可以进行升降。它内置了为管弦乐队平台提供的照明系统，还有放大表演音量的扬声器。

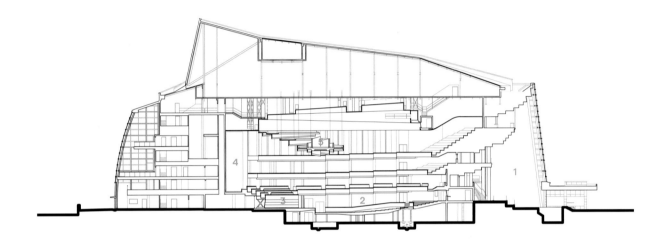

1. 门厅 2. 音乐大厅 3. 舞台 4. 风琴室 5. 声学罩棚

0   30   60 Ft.

序曲艺术中心

麦迪逊，威斯康星州 | 2006年

Overture Center for the Arts

Madison, Wisconsin
2006

从西北方向看到的序曲艺术中心。近景处是序曲大厅的透明玻璃门厅，右边是综合建筑的主入口，上面带有玻璃穹顶。
Overture Center for the Arts, as seen from the northwest. The transparent glass lobby of Overture Hall is in the foreground, and the dome over the complex's main entrance is on the right.

序曲艺术中心几乎占据了与威斯康星州议会大厦相邻的整个街区，在这里可以俯瞰麦迪逊市的威斯康星大学，并已成为麦迪逊的主要文化胜地之一。在这个项目中，佩里-克拉克-佩里事务所将现有的两座剧院和一个艺术博物馆整合为一个统一的艺术中心，并增加了一个主音乐厅。由于场馆的翻新以及增加了规模显著的门厅、商店和餐馆，所以这个大型建筑保持了与周边街道上行人之间的亲切友好的关系和感受。

在佩里-克拉克-佩里事务所设计的观演建筑当中，序曲中心是独一无二的。因为它包括对奥斯卡·梅尔剧院和地峡剧场两座现有剧院的重新改造。此外，序曲中心经历了复杂繁琐的公共审批过程，佩里-克拉克-佩里事务所在设计过程中与六十多个客户团体和公共机构进行了会谈和协商，在这些会议中，不仅使建筑的计划发生了重大的改变，还孕育了项目的社区归属感和自豪感，并一直延续至今。

序曲中心的一个重点建筑是原来约斯特百货公司的外墙立面，改造后作为西侧拐角的入口，并与议会大厦毗邻。这个建于1923年的外墙立面将南面序曲大厅的玻璃幕墙和东面的麦迪逊当代博物馆连接在一起。建筑的内部以多层的圆形大厅为特色，并在顶部新建了一个玻璃穹顶，不仅可以使阳光照射到建筑的内部，还借此表达了序曲中心新老结合的特色。

该项目的核心是新建的序曲大厅，这个拥有2255个座位的表演场地是为麦迪逊交响乐团、麦迪逊歌剧团和其他艺术团体建造的。大厅内的楼座层次分明、灯光柔和、吸音顶棚的造型犹如起伏的波浪。这是一个富有表现力的现代空间，并恰当地融入了欧美音乐厅的传统设计。它那用石材和木料装饰的玻璃门厅在夜晚灯火通明，照耀着邻近的街道，已经成为麦迪逊家喻户晓的公共场所之一。

奥斯卡·梅尔剧院经过翻修后成为一个中型的表演场地，可以容纳1100名观众，现被称为国会剧院。原来的一些座位被拆除后腾出的空间，被更大的新门厅所取代，并以原建筑1927年建造时的风格进行装饰。剧院原有的一些重要特色也得到了恢复，比如舞台的拱形台口和装饰华丽的顶棚。同时，音效和视线也得到了改善，并增加了更为舒适的座位。

位于街区南侧的地峡剧场经过彻底改造后，变成了拥有350个席位的伸展式舞台剧场，并被简称为剧场。可以用于麦迪逊当地保留剧目的演出，并为其他社区的用户提供服务。这里的舞台和剧场后部的配套设施区域都进行了扩建，并增加了传统剧场的座位。此外还增加了三个灵活的黑盒剧场。

序曲中心除了用于表演艺术的场地之外，还对麦迪逊艺术中心进行扩建，创建了一个全新的博物馆——众所周知的麦迪逊当代艺术博物馆。它包括一个设有220个座位的报告大厅，还明显扩大了众多的展馆空间。博物馆的三角形玻璃门厅高达四层，内部设有一部螺旋状的玻璃楼梯，可以直接通往顶部的餐厅，在那里可以观赏市区的美景。

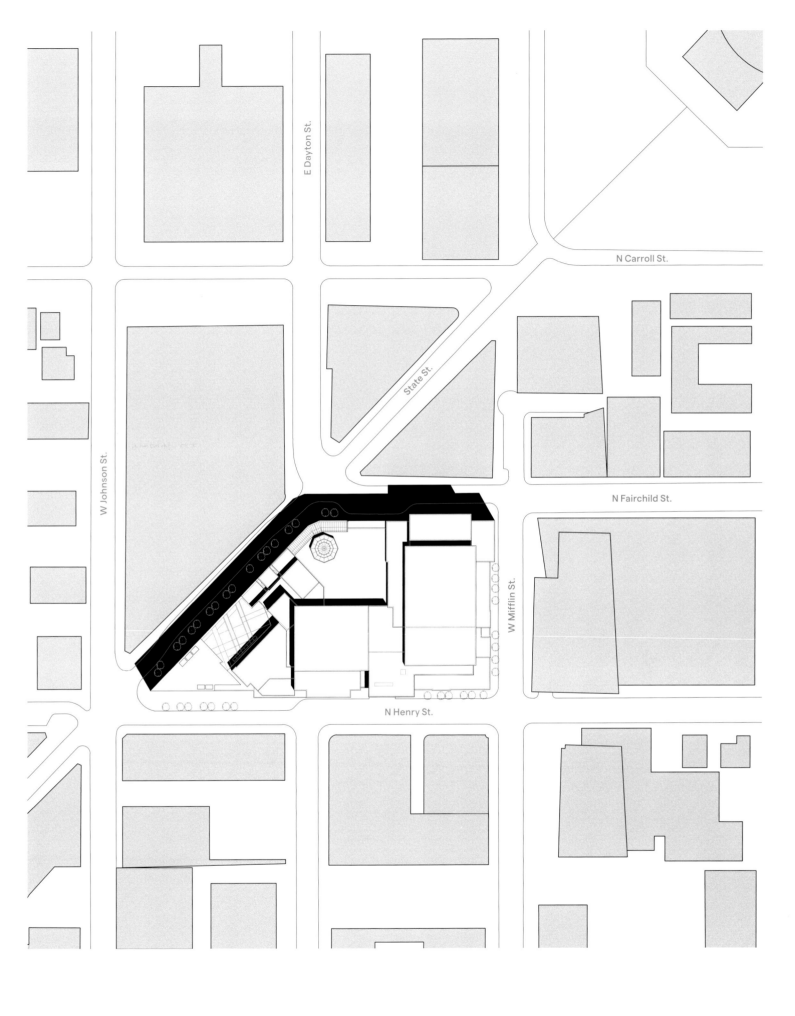

E Dayton St.

N Carroll St.

State St.

W Johnson St.

N Fairchild St.

W Mifflin St.

N Henry St.

0   75   150 Ft.

在序曲中心的西侧，沿着州立大街可以看到一部壮观的玻璃楼梯，它连通了麦迪逊当代艺术博物馆的三个楼层，并已成为深受喜爱的城市地标。

At the west end of Overture Center, along State Street, a grand glass staircase leads to the three levels of Madison Museum of Contemporary Art. The stair has become a popular city landmark.

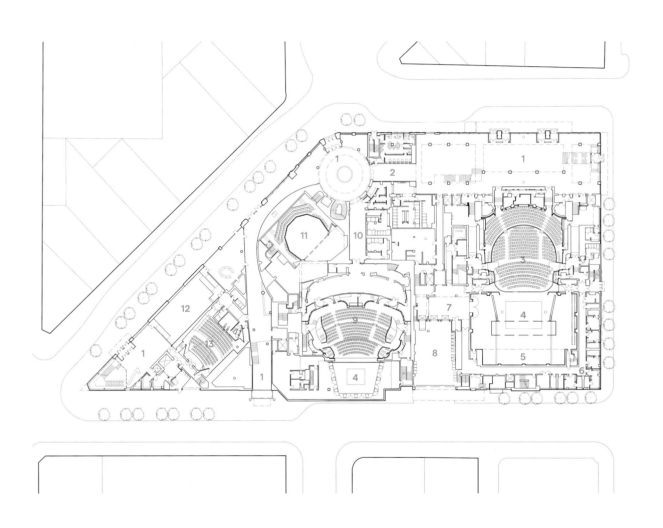

1.门厅　2.售票处　3.多功能大厅　4.舞台　5.音响反射板存放区　6.化装间　7.布景存放处　8.装卸区　9.舞台剧场

10.画廊　11.伸展式舞台剧院　12.博物馆　13.报告大厅

0　　40　　80 Ft.

The back (southeast) façade of Overture Center employs modestly scaled elements to resonate with the nearby residential neighborhood. 序曲中心的背面（东南面）外观采用了规模适度的设计元素，与周边的住宅区和谐一致。

演出进行时的序曲中心门厅。各式各样的平台和通道高悬于上方, 可以通往并心的其他演出空间。

Overture Hall's lobby at performance time. A variety of balconies and passageways are suspended over the ground floor, which links to the center's other performance spaces.

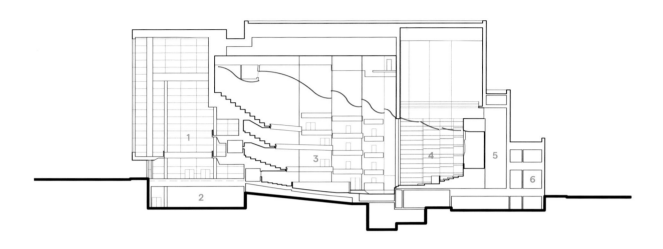

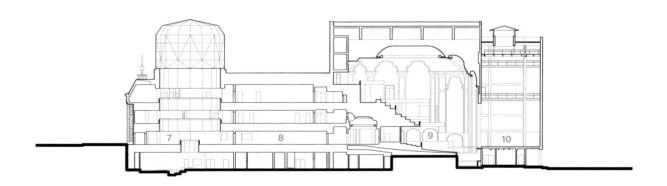

1.门厅　2.机械室　3.多功能大厅　4.舞台　5.音响反射板存放区　6.化装间　7.门厅/圆形大厅　8.画廊
9.庭院剧场　10.舞台

0　　25　　50 Ft.

序曲大厅的内部。曲线造型的楼座和顶棚面板与门厅的矩形结构形成了鲜明的对比。

The interior of Overture Hall. The finishes of the hall—curving balconies and ceiling panels—provide an architectural contrast to the orthogonal geometries of the lobby.

The Playhouse, a 350-seat thrust theater, which was redesigned and wrapped into the new performing arts complex.

重新设计的拥有350个座位的伸展式舞台剧场，成为新的表演艺术综合建筑中的一部分。

　　高耸的圆形大厅显然成为了内部的十字路口，并将历史悠久的国会剧院与新建的剧院和博物馆连接起来，创造了一个令人难忘的现代城市中心。正如苏格拉底所说："改变的秘密就是不要把你的全部精力放在与旧事物的斗争上，而是放在创造新事物上。"

——比尔·巴特勒

右图：序曲中心的主入口曾经是一家百货商店，外墙立面被保留，内部被改造成一个宏伟的圆形大厅，顶部采用玻璃和金属新建的穹顶使其更加完美。从这里可以通往所有的表演场地
上图：原有的国会剧院被精心复原后，拥有2200个座位，规模有所减小，并被纳入到新的序曲艺术中心

南岸剧院

South

Coast

Repertory

Costa Mesa, California
2002

演出之前的南岸剧院，前部的立面呈曲面造型。从远处可以看到左侧高耸着一根闪耀的跑马灯，成为剧院和毗邻的塞格尔斯特罗姆音乐厅的标志杆。

The curving front of South Coast Repertory before a performance. The vertical marquee at left is visible from afar and serves as a signpost for the theater and the adjacent Segerstrom Concert Hall.

南岸剧院是南岸广场城市中心的一部分，与相邻的加州科斯塔梅萨塞格尔斯特罗姆艺术中心的蕾妮和亨利·塞格尔斯特罗姆音乐厅、萨穆埃利剧院以及其他场馆同处一个区域。尽管它是一个独立的剧院并与其他场馆有着很大的差别，但南岸剧院在这个区域的总体规划中仍然具有重要的作用。它将艺术中心与西面的大型购物中心——南岸广场连接在一起。该项目包括一个经过翻新的设有500个座位的剧院，一个可以容纳320名观众的新剧场和一个黑盒剧场。新建的门厅和外部立面将三个剧场整合为一体。

南岸剧院是美国一流的上演保留剧目的剧院之一，通过委托、邀请名家驻留，研读和专题讨论等充满活力的形式去创造新的作品，并因此而闻名于世。1998年，剧院获得了地方剧杰出成就大奖——托尼奖，他们为发展和创新美国保留剧目所做的工作得到了认可。该剧院曾经接待过无数世界著名的演员、导演和剧作家。

新建的剧院正面外观呈曲面造型，以玻璃幕墙为主，并在边缘搭配了暖色调的石料。南岸剧院的名字以20世纪中期的现代字体横贯在建筑的檐口之上，令人联想起加州装饰派艺术的辉煌历史。建筑的北面与塞格尔斯特罗姆音乐厅的入口相邻，那里有一个抽象的、象征性的塔楼。它仿佛一座灯塔，使人们从南岸广场也能看到塞格尔斯特罗姆艺术中心。

剧院的前面是一个狭长的弧形入口广场，地面上铺设着无数大型钻石图案，很像小丑的演出服。在广场上可以看到一个公园，那里绿树成荫，还有很多艺术品，是一个休闲放松的好去处。公园的西侧有一座过街天桥横跨在宽阔的道路之上，直接通向南岸广场。

新剧院的内部设有楼座，并重新改造了舞台的上部、地下室、乐池和前后台的设施。还增设了用作教室和管理办公室的空间。作为改造的一部分，原有的配套空间也得到了升级改造。而新建的装卸区域与塞格尔斯特罗姆音乐厅相邻，显得十分和谐。

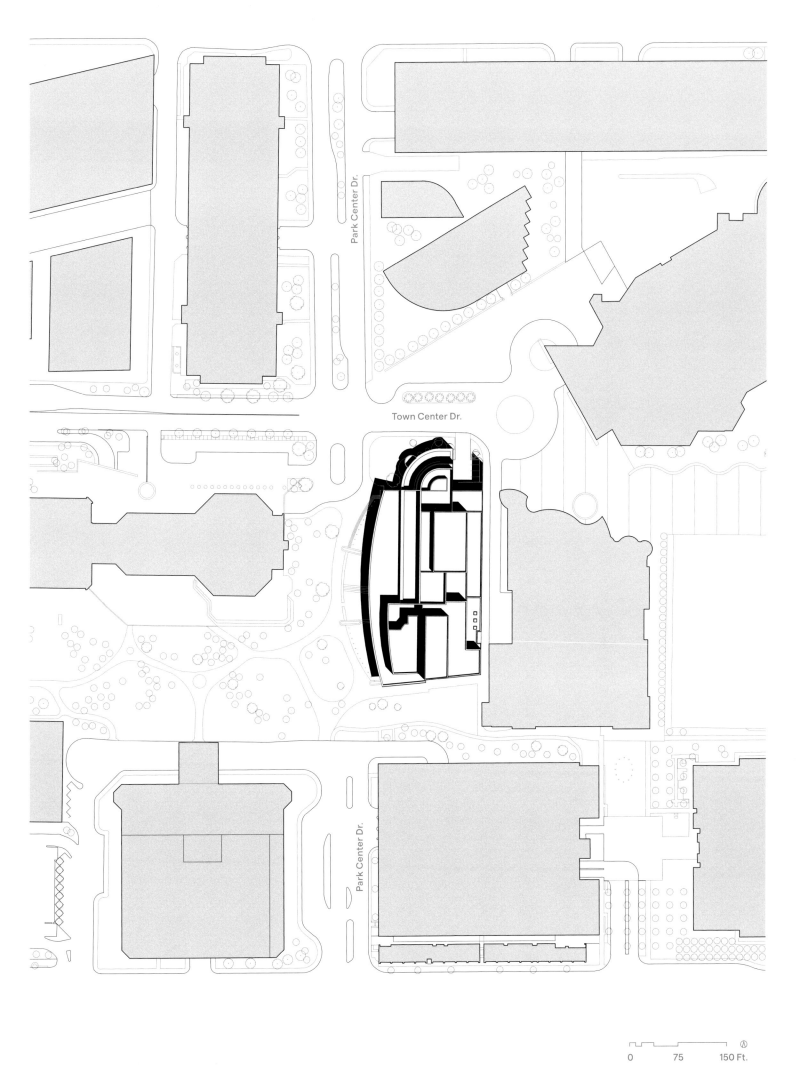

Park Center Dr.

Town Center Dr.

Park Center Dr.

0   75   150 Ft.

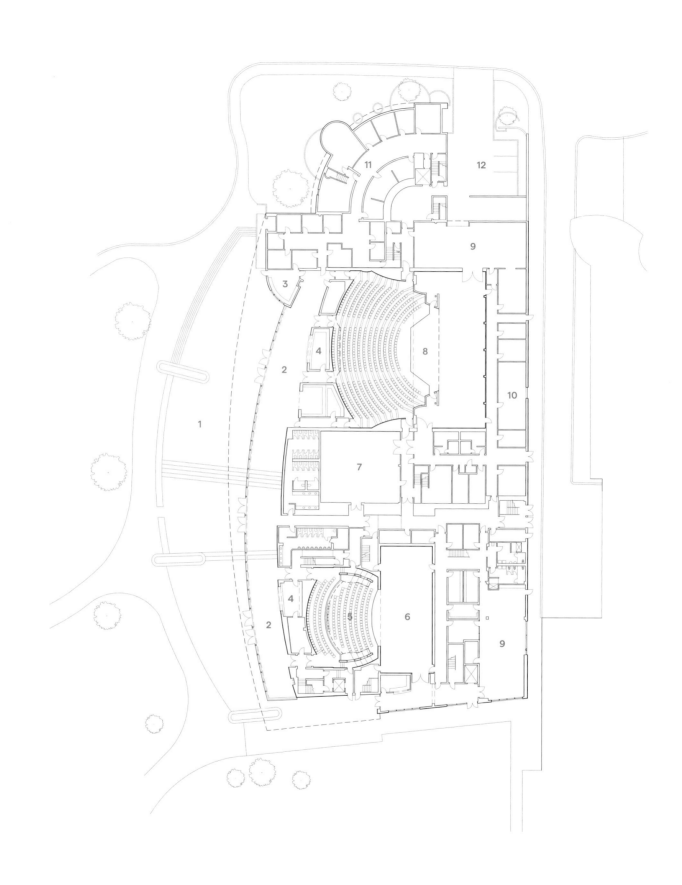

1.门厅露台　2.门厅　3.售票处　4.特许经营店　5.庭院剧场　6.舞台　7.排练室　8.伸展式舞台剧场　9.布景存放处
10.化装间　11.办公室　12.装卸区

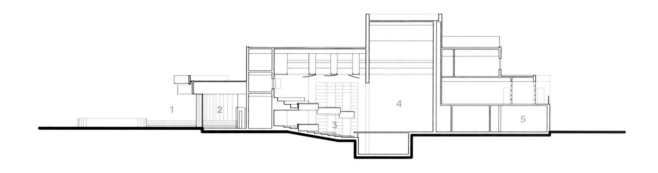

1.门厅露台　2.门厅　3.庭院剧场　4.舞台　5.布景存放处

0　　　　25　　　　50 Ft.

PCPA renovated the main stage and added a second stage and rehearsal room. The new 350-seat theater is equipped with a fly loft, trap room, and orchestra pit. 佩里-克拉克-佩里事务所对主舞台进行了翻修，并增加了第二舞台和排练室。这里是拥有350个座位的剧场，舞台上部空间配备了可控制升降的设备，还设有地下室和乐池。

舒斯特表演艺术中心

代顿，俄亥俄州 ｜ 2002年

Schuster Performing Arts Center

Dayton, Ohio
2002

Kettering Wintergraden of Schuster Performing Arts Center in Dayton, Ohio, as seen from the east. The space has become one of downtown Dayton's most popular gathering spaces. 俄亥俄州代顿市的舒斯特表演艺术中心，这是从西面观看其内部的凯特琳冬季花园。它已成为代顿市最受欢迎的聚会空间之一。

占据了俄亥俄州代顿市一个完整街区的舒斯特表演艺术中心主要由三部分构成：设有2300个座位的米德剧院、凯特琳冬季花园和一个高达18层并带有地下停车场的办公和住宅楼。其对面是历史悠久的维多利亚剧院和劳夫特剧院，该中心已经成为代顿市不断发展的艺术城区的核心建筑。

在辛辛那提的阿罗诺夫中心取得成功之后，佩里-克拉克-佩里事务所便应邀来到北面仅有80千米之遥的代顿市参加一个新表演艺术中心的项目会谈。经过仅有一个星期的准备，佩里-克拉克-佩里事务所提出的新艺术中心方案展现了代顿城区的历史，并能够在城市的未来发展中发挥重要的作用。以此为基础，加上设计和建设团队在阿罗诺夫中心取得的成功，佩里-克拉克-佩里事务所在一个星期之后便赢得了这一项目的设计工作（连同阿罗诺夫团队的其他成员）。

舒斯特中心南侧的整个立面形成了一道巨大的玻璃幕墙，幕墙的东端在平面和剖面上发生了扭曲并从拐角处向外拉伸而出，形成了一个宽敞的室外广场，这一造型体现了现代都市的活力。它的内部就是凯特琳冬季花园，这个公共空间可作为剧院的门厅和餐厅及售票处的前厅。这里高大的棕榈树、精致的钢桁架、色彩亮丽的木色和辉煌的灯光与室外的城市景观形成了鲜明的对照。如今，这里已经成为深受人们喜爱的聚会、活动和表演场所。

一部犹如雕塑般的螺旋状楼梯通往米德剧院的各层，这个拥有2300个座位的多功能大厅也是代顿市爱乐乐团、代顿歌剧团和维多利亚戏剧协会的驻地，这个协会经常把百老汇风格的巡回演出邀请到代顿市。尽管观众席的数量很多，并且需要举办歌剧、音乐、舞蹈和戏剧等不同类型的表演，设计师们仍然希望营造出一种亲密的氛围。因此，引入了第三层楼座，这样就可以减小大厅的面积，也意味着最后一排的观众距离舞台仅有不到37米的距离。

大厅内的音响设备可以调节适应各种类型的表演。在基本状态下，墙壁可以对声音起到反射和漫反射的作用，使空间产生交响乐所需的现场混响效果。对于歌唱表演或者需要放大音量的摇滚乐和流行音，厚重的织物横幅就被降到较低的位置上，起到吸音的作用。

米德剧院沿袭了佩里-克拉克-佩里事务所具有创新性的剧院顶棚设计方法，一系列同心的椭圆形光环向上升起，飞向星光闪耀的苍穹：顶部复制了1903年12月17日的夜空星像图，在那一天，土生土长的代顿人莱特兄弟成功实现了人类历史上的首次人力飞行。舒斯特中心也正是在这次飞行的百年纪念日开放使用的，顶棚上的星图和凯特琳冬季花园犹如飞翼般的造型表达了对此次飞行的纪念和庆祝。

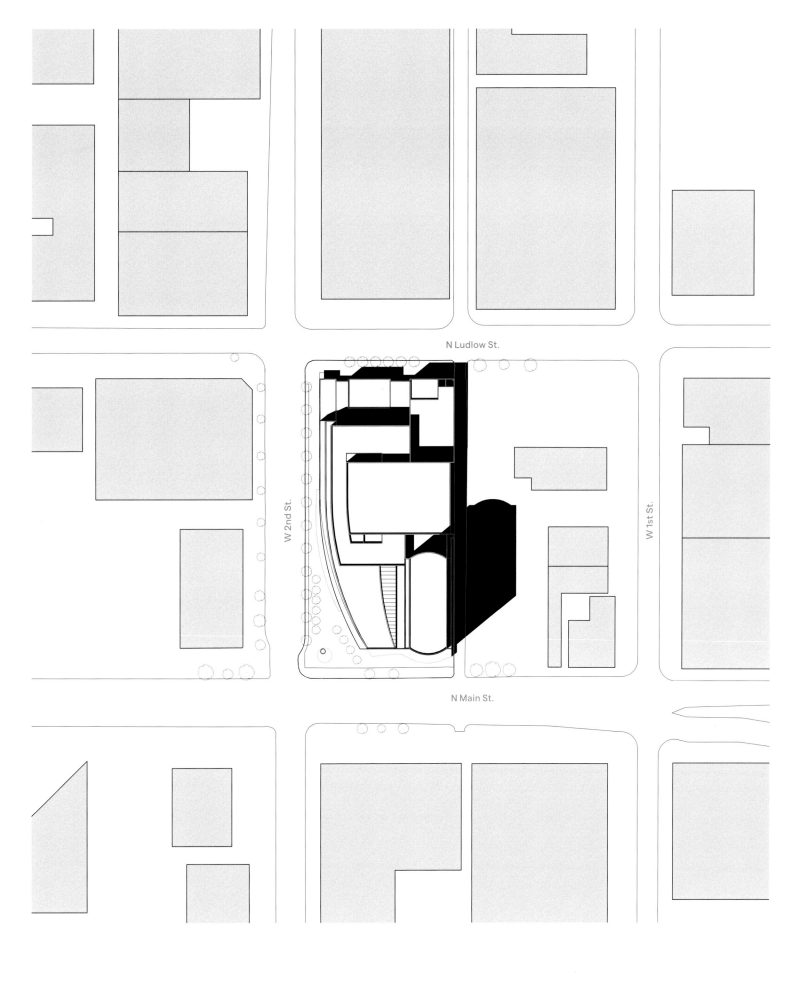

N Ludlow St.

W 2nd St.

W 1st St.

N Main St.

0   75   150 Ft.

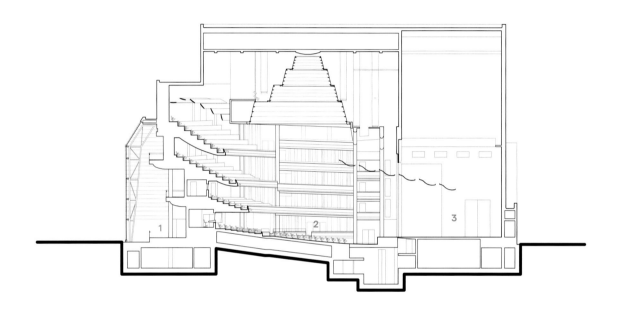

1. 门厅　2. 多功能大厅　3. 舞台

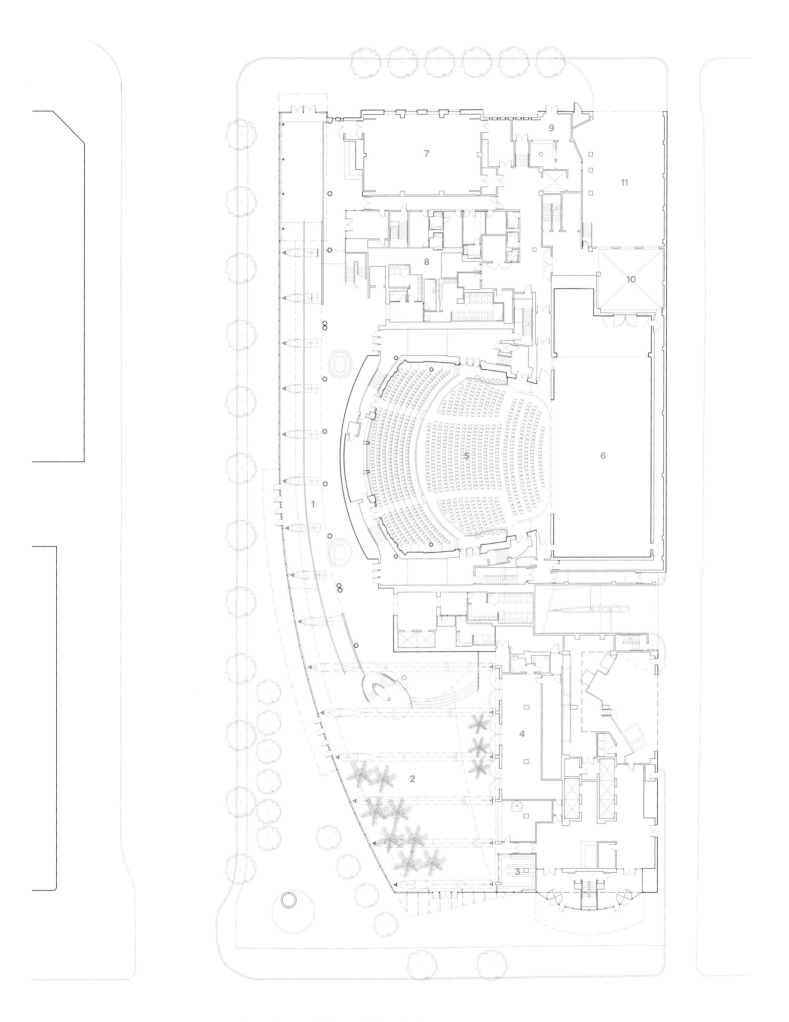

1.门厅　2.冬季花园　3.售票处　4.餐厅　5.多功能大厅　6.舞台　7.排练室　8.化装间　9.舞台门
10.布景存放处　11.装卸区

0　　25　　50 Ft.

　　我们正在将传统的剧院顶棚融入到当代设计之中。剧院的顶棚不只是一块天花板，它需要具备高度的功能性。因此，问题就变成了我们如何在不影响演出效果的情况下去创造一个看上去极具趣味的顶棚。

——米奇·赫希

上图：冬季花园的公共空间也是米德剧院的门厅，高大的棕榈树为这里增添了异彩

右图：米德剧院是一个多功能大厅。为了营造出亲密的氛围，设计师增加了第三层楼座，降低了大厅的面积，缩短了观众席后排与舞台的距离

米德剧院的顶棚隐藏了一个大型的混响空间和一些吸收或反射声波的隔音板。顶部的光纤灯具构成的图案与1903年12月17日夜晚的星空相一致，那一天是来自代顿的莱特兄弟实现人类首次飞行的日子。
The ceiling of Mead Theatre conceals a large reverberation space and several acoustic panels that absorb and reflect sound. The pattern of fiber optic lights at the top match the night sky on December 17, 1903, the date of the first flight by Dayton's own Wright Brothers.

双子塔国油管弦乐厅

吉隆坡，马来西亚 ｜ 1998年

Dewan Filharmonik Petronas

Kuala Lumpur, Malaysia
1998

The skyline of Kuala Lumpur, Malaysia. The Petronas Towers, once the world's tallest buildings,

马来西亚吉隆坡的天际线。曾经是世界最高建筑的双子塔分跨并耸立于在国油管弦乐厅之上。

坐落在吉隆坡市中心高达88层的双子塔之间的国油管弦乐厅拥有863个坐席，是亚洲一流的音乐厅之一，也是马来西亚第一个西方风格的演出场地，也是该国第一个交响乐团的驻地。

起初，人们对这个西方风格的音乐厅能否在吉隆坡获得公众的喜爱并不确定，后来证明无论在当地还是世界范围内，它都是非常成功的。不仅当地的一些演出团体在大厅内表演传统的马来西亚音乐，来自世界各地的著名音乐家也将它列入巡回演出的首选名单。

该音乐厅最初并不是吉隆坡市中心开发区的一部分，当决定修建时，将成为世界最高建筑的双子塔已经在建造之中。位于双塔之间的规划建设场地面积十分有限，设计师只能设计一个规模适中、狭长的鞋盒状音乐厅。

在北卡罗来纳州夏洛特的表演艺术中心，为了应对狭长的地点，佩里-克拉克-佩里事务所曾经创造了一个鞋盒状的音乐厅。值得庆幸的是，鞋盒形状是最有利于音响效果的音乐厅类型之一，维也纳的金色大厅足以证明这一点。这种大厅可以将声音均匀地传播到观众席，使管弦乐演奏的不同部分交融成一个统一的整体，令观众沉浸在音乐的海洋之中。

著名的声学家科克加德领导了音乐大厅的音效设计工作。为了创造世界级的表演空间，客户也赋予了设计师们很大的自主权。大厅上部的空间本身就构成了一个巨大的混响室，隐藏在声音穿透力极好的多孔金属顶棚之上。混响室顶部的混凝土天花板可以通过巨大的活塞进行升降，从而调节音乐厅的音效品质，以适应独奏、交响乐、合唱以及马来西亚传统节目等不同类型的表演。

音乐厅的建造采用了最优质的指定材料。具有青铜特色的马来西亚手工制作的木屏可以将声音反射到观众和音乐家的区域，同时还避免了回声。楼座的底部装饰着手工雕刻的石膏图案。顶棚由弧形的金属面板构成，上面设有闪亮的光纤灯具。舞台的后面是由德国波恩的克莱斯风琴公司制造并安装的全尺寸管风琴，也为舞台创造了一个由激光切割的青铜面板构成的背景图案。

只有一层的音乐厅位于一条宽阔的公共通道之上，通道将两座塔楼和市中心开发区的高端购物中心连接在一起。两部宏伟的楼梯通向音乐厅的门厅，透过那里宽敞的玻璃幕墙可以看到后面繁茂的热带花园。门厅的地面上饰有螺旋状的抛光大理石图案，天花板的表面采用了银箔装饰。欣赏音乐会的观众可以在间歇期间到室外的露台上俯瞰花园的美景。

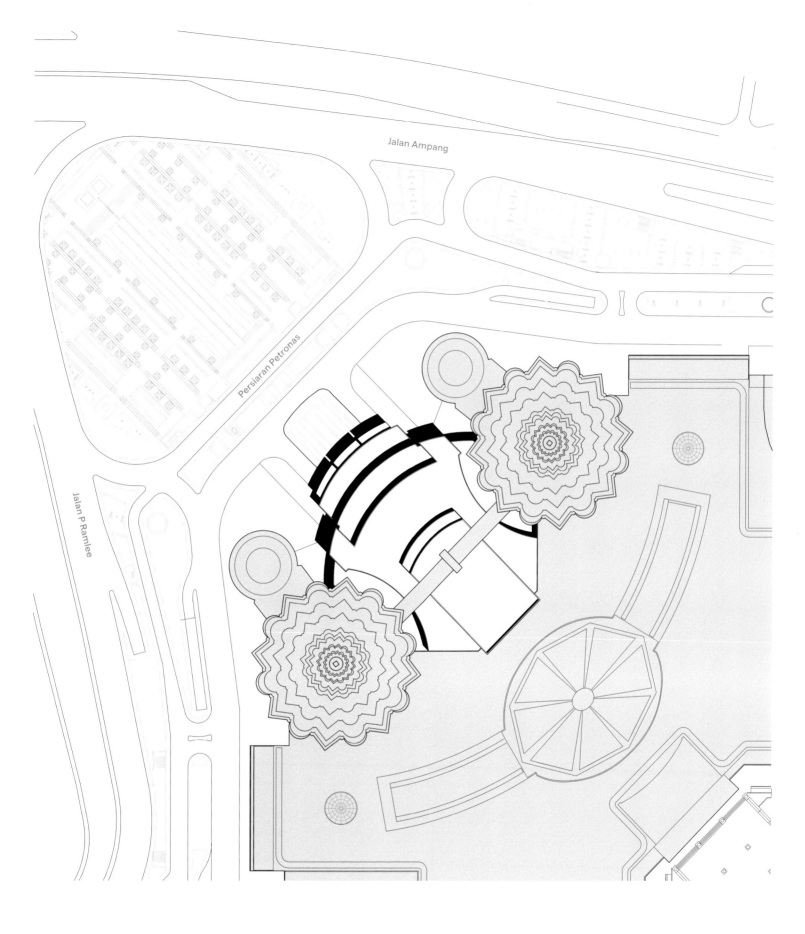

Jalan Ampang

Persiaran Petronas

Jalan P Ramlee

0   65   130 Ft.

Dewan Filharmonik Petronas sits at the base of the twin Petronas Towers. The ground floor leads under the concert hall to the retail mall behind, under the lighted dome. 国油管弦乐厅位于双子塔的底部。音乐厅下面是一条通道，可以通往后面灯火通明的穹顶之下的购物中心。

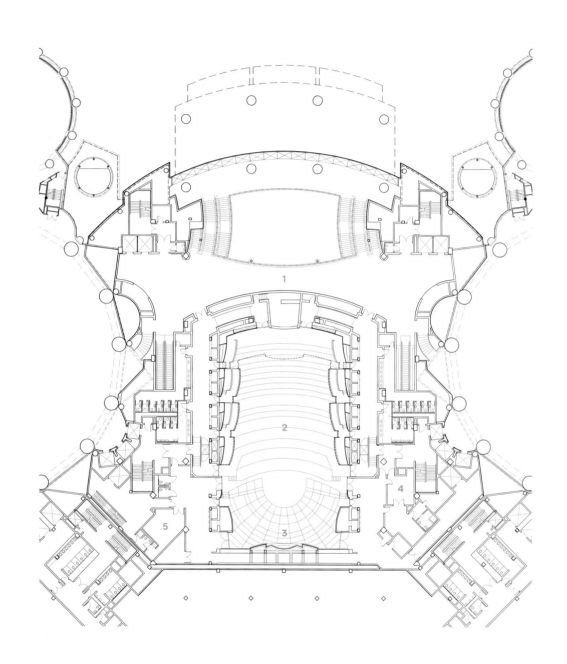

1.门厅 2.音乐厅 3.阶梯式管弦乐队席位 4.场馆工作区 5.休息大厅

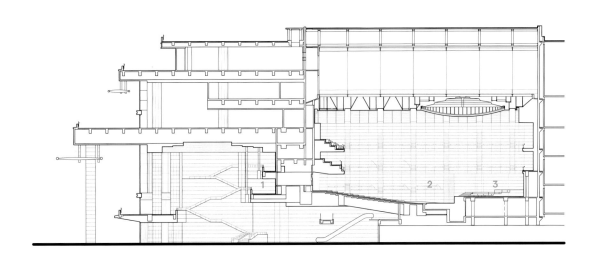

1. 门厅　2. 音乐厅　3. 阶梯式管弦乐队席位

为音乐厅指定的建造材料十分丰富，包括手工雕制的木料和带有格状图案的青铜面板，还有一部由世界最大的风琴制造商——莱斯风琴制作安装的管风琴。
The hall is appointed with the richest materials—hand-carved wood, a latticework of bronze panels, and a pipe organ by one of the world's great organ makers, Klais Orgelbau.

国油管弦乐厅顶棚上巨大的中心圆孔可以通过LED灯具的颜色变化来调节空间的氛围。声音穿透性极好的顶棚上面是混响室，它的空间体积与下面音乐厅的空间体积几乎相同。
The oculus at the center of the Dewan Filharmonik hall's ceiling. LEDs can change colors and alter the character of the space. A reverberation chamber nearly equal in volume to the hall below is above the acoustically transparent ceiling.

阿罗诺夫艺术中心

辛辛那提，俄亥俄州 ｜ 1995年

Aronoff Center for the Arts

Cincinnati, Ohio
1995

The lobby and exterior of Procter & Gamble Hall, the large multipurpose hall at Aronoff Center for the Arts in downtown Cincinnati, Ohio. The large brick piers resonate with the historic industrial buildings in the city.

俄亥俄州辛辛那提市阿罗诺夫艺术中心的大型多功能大厅——宝洁音乐厅的门厅和外观。巨大的砖结构墙墩与城市历史悠久的工业建筑产生了共鸣。

俄亥俄州辛辛那提的阿罗诺夫艺术中心是佩里-克拉克-佩里事务所设计的第二个观演建筑项目。设计任务刚开始不久，夏洛特的布卢门撒尔中心就正式开放启用。该项目包括三个表演场地：设有2700个座位的宝洁音乐厅、拥有440个席位的贾森-卡普兰剧院和150个座位的五三银行剧场。佩里-克拉克-佩里事务所的建筑设计使辛辛那提的市中心焕发了活力，把郊区的人们吸引到剧院度过美好的夜晚。佩里-克拉克-佩里事务所充满趣味的剧院顶棚设计在该项目中也继续得到了体现。

19世纪和20世纪初期的辛辛那提是美国最大的城市之一，是美国中部的繁荣城市和西部地区的第一座城市。该市由俄亥俄河向北延伸，繁忙的航运贸易可从内陆一直抵达圣路易斯和盐湖城这样的下游城市。当时出现的建筑主要用于货仓、交易场所和航运业务等，这些建筑无论大小，都采用了砖结构。到了20世纪下半叶，河运贸易的发展开始放缓，很多居民搬迁到了郊区。高层的办公大楼逐渐取代了货仓，市中心与河边地区也被高架公路彼此分隔。与同期发展的很多美国城市一样，辛辛那提有着引以为豪的艺术和文化底蕴，包括著名的交响乐团和深受喜爱的剧院。

阿罗诺夫中心的出现首先是对这一历史传统的积极回应。它占据了商务区中部一个街区的两端区域，其前面是直通河畔的沃尔纳特大街和著名的美式足球和棒球场。该项目吸引了众多的艺术表演团体，包括辛辛纳提流行交响乐团、辛辛那提歌剧团、芭蕾舞团以及其他团体和巡回演出的表演者。阿罗诺夫中心几乎每天都有激情四射的演出。

总体而言，剧院和表演艺术中心通常都分为前部和后部：前部包括门厅和剧场，后部则是配套空间和装卸区域。在夏洛特和辛辛那提（包括以后的每一个项目），佩里-克拉克-佩里事务所都尽力在设计中创造没有后部的剧院，至少要让它们不是那么显而易见。这一次，设计师们说服客户在街区的中部购买了一座空置的建筑并将其拆除，腾出的空间和小巷最终成为三座剧院的装卸区域，使长达两个街区的临街立面完全"正面朝向"街道。

沿着长长延伸的街面，事务所设计了规模和比例不同的建筑。两个主要建筑——宝洁音乐厅和贾森-卡普兰剧院贴近沃尔纳特大街，并朝向市中心的核心区域。每个建筑的两侧都是结实厚重的砖墙，砖墙与街道的方向垂直并一直延伸到街区内部。从街面上看，两道墙仿佛是两根立柱，它们之间就是灯火通明的弧形玻璃门厅，以欢迎的姿态伸向大街。尽管建筑风格相似，但是规模较大剧院的门厅和砖墙比规模较小剧院的要更高更宽，与多样的城市建筑构成方式相一致。

这两个剧院都位于街区的中部。在每一个角落处都设置了一些远离街道的小空间，形成一些小型的广场，同时使剧院产生一种势不可挡的气势。这些广场和人行道上铺设了网格状的装饰图案。这种没有在建筑的边缘停止，而是延伸到人行道的图案设计，似乎对路人发出了进入中心的邀请。在街区北侧，剧院入口的拐角处附近，阿罗诺夫中心被降低到与街道对面的老建筑相近的规模。剧院的办公室、美术馆入口、咖啡厅和零售店等具有人性化的功能部分，使大街充满了活力。在街区后面的东北角，是另一个较小的广场和五三银行剧场的入口，它是一个灵活性极好的演播剧场和活动空间。

宝洁音乐厅是一个拥有两层楼座的多功能音乐厅。极具创意的顶棚由弧形的多孔金属面板连接在一起，犹如波浪一般从舞台的顶部向上、向外伸展荡漾。这些金属面板具有极好的声音穿透性，使上面的混响室可以发挥出相应的效果。而弧形面板的布局使布设在它们之间的照明系统产生了层次分明的灯光效果，并且可以使下面和后面的观众无法看到隐藏在后面的照明系统。具有微弱反射性的金属面板上点缀着无数的光纤灯具，犹如满天繁星。根据舞台的环境和气氛，这些灯光可以按照程序变换颜色，从金色的光芒到午夜的深蓝，再到炽热的火红，使大厅产生美轮美奂的意境。

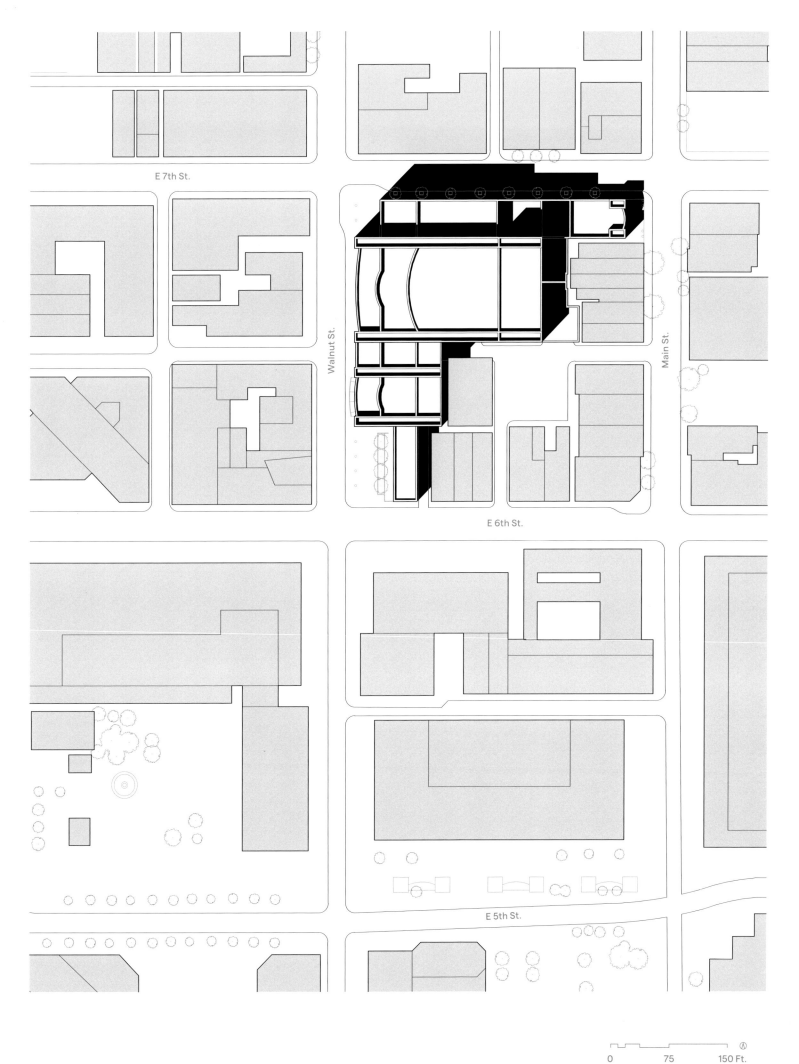

E 7th St.

Walnut St.

Main St.

E 6th St.

E 5th St.

0   75   150 Ft.

The ceiling in Procter & Gamble Hall, a reflective series of arches with fiber optic lights, can change colors to match the performance. The ceiling is acoustically transparent to allow sound energy to fill the space above it.

宝洁音乐厅的顶棚上是一系列具有反射功能的弧形面板，上面点缀的光纤灯具可以随着演出的
进行而不断变换颜色。而且声音穿透性良好的顶棚还可以使声音的能量充满其上部的空间。

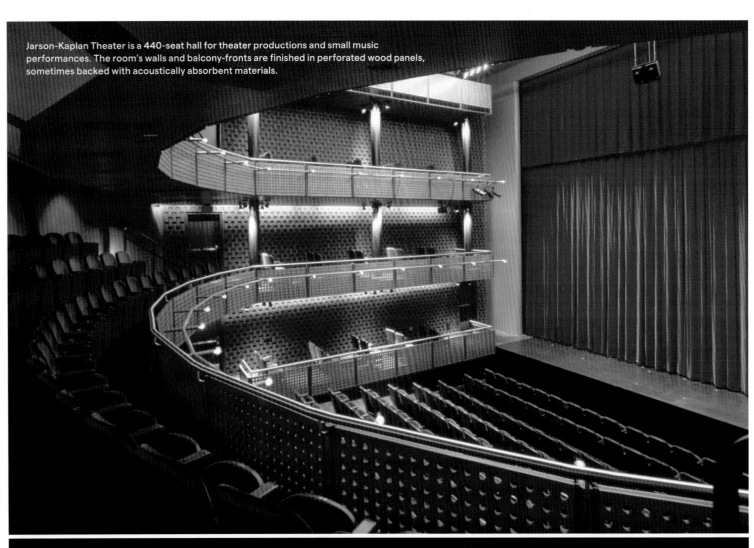

Jarson-Kaplan Theater is a 440-seat hall for theater productions and small music performances. The room's walls and balcony-fronts are finished in perforated wood panels, sometimes backed with acoustically absorbent materials.

贾森-卡普兰剧院设有440个座位，适合戏剧和小型音乐会的演出。内部的墙壁和楼座的前部用多孔的木制板条装饰，有些地方的后面还设置了具有吸音功能的材料。

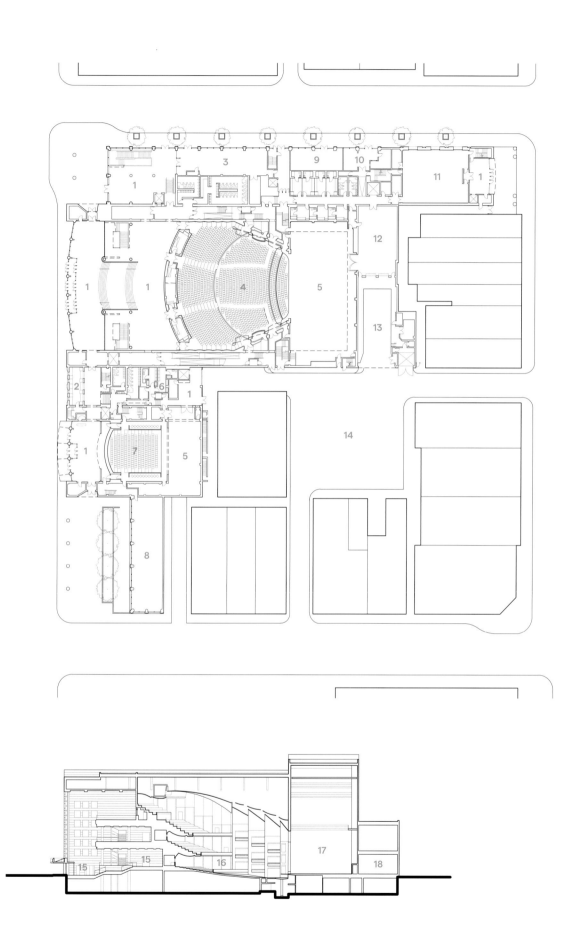

1.门厅　2.售票处　3.礼品店　4.多功能大厅　5.舞台　6.化装间　7.庭院剧场　8.餐厅　9.零售区域　10.舞台门
11.演播剧场　12.布景存放处　13.装卸区　14.装卸庭院　15.门厅　16.多功能大厅　17.舞台　18.布景存放处

0　　30　　60 Ft.

布卢门撒尔
表演艺术中心

夏洛特，北卡罗来纳州 ｜ 1992年

Blumenthal Performing Arts Center

Charlotte, North Carolina
1992

The main entrance to Blumenthal Performing Arts Center. At right is the base of the Bank of America Corporate Center, also by PCPA. The site slopes from front to back and patrons enter the theater at the parterre level and descend to the orchestra seats or ascend to the upper balconies.北卡罗来纳州布卢门撒尔表演艺术中心的主入口。右边是美国银行总部大厦的底部，该大厦也是佩里-克拉克-佩里事务所设计的。该地点由前向后倾斜，观众从正厅后座的高度进入后可以向下行至管弦乐队席位，或者向上走到上面的楼座。

北卡罗来纳州夏洛特的布卢门撒尔表演艺术中心，是佩里-克拉克-佩里事务所设计的第一个重要的观演建筑设施。它的设计源自于事务所的长期承诺——在"给定"的场地、计划和技术需求等项目条件中寻找机会。这就意味着定义观演建筑的众多主题将遵循以下几个方面：尊重功能但不牺牲创造性；相信艺术的公共价值和地位；理解建筑在城市环境中的作用。

对于事务所来说，这个项目是一个意外的收获。当时，佩里-克拉克-佩里事务所正在毗邻这个未来表演艺术中心的地点设计一个重要的大厦和公共空间。今天，这个高达六十层的大厦是美国银行的总部，而在它底部的公共"空间"是一个玻璃结构的冬季花园，被称为创始人大厅。这两个建筑占据了夏洛特商业中心一个街区的大部分面积。随着两个项目的进行，市民们越来越清楚地看到，它们将定义出一个崭新的、令人兴奋的都市核心区域，而街区的剩余部分则可以被用来建造一个新的艺术中心，这也是该市一直在酝酿的项目计划。于是，正当大厦和创始人大厅的项目工作进行到一半时，一个重要的观演建筑被增加到设计进程中。尽管人们期望这三个项目能够作为一个有机的整体发挥效用，但是它们的客户是不同的，各自的特性也是千差万别的。

大厦位于街区的中部，正对着北泰伦大街。创始人大厅就在大厦的背面，并向街区的另一端延伸，其主入口与学院大街和一座跨越停车场的桥梁相邻。包括西北角的公共广场在内，正在开发的项目占据了这个城市街区西侧三分之二的面积。为表演艺术中心留下的是一个狭长的地带，沿着东部第五大街从北泰伦大街一直延伸到学院大街。重要的是，街区从北泰伦大街到学院大街之间的地面向下倾斜了足有一层建筑的高度。

艺术中心的项目包括两个剧院：拥有2100个座位的贝尔克剧院，主要作为大型的百老汇风格演出场地。而只有450个座位的布斯剧场则适合更为亲密的戏剧作品表演。很快，在如此狭长的地带修建两座彼此不同的剧院所面临的困难越来越明显，甚至是不可实现的任务。因此，只好在大厦和创始人大厅的设计上寻求解决办法。

幸运的是，为大厦和创始人大厅规划的装卸区域位于街区的中部。卡车将从学院大街驶入，穿过创始人大厅后到达与新表演艺术中心毗邻的装卸区域。装卸区域的位置可以完美地为两个剧院提供服务。这也创建了一条重要的项目组织原则：共享的装卸区域将与两个剧院的后部相通，从而形成一个高效的方案策略，佩里-克拉克-佩里事务所在后来的项目中继续采用这一策略。

剧院后部的配套空间被放置在狭窄场地的中心位置，使一个剧院被自然地放置在与大厦邻近的场地北端，而另一个剧院则位于靠近创始人大厅的南端。主大厅——贝尔克剧院位于场地的南端，其入口与大厦相邻。入口后移之后形成了一个公共广场，与街区西侧的大型广场遥相呼应，并成为大厦沿着泰伦大街一侧的前景地带。

造型别致的弧形玻璃和金属幕墙构成了贝尔克剧院朝向泰伦大街一侧的立面，使大厦的底部呈现出别具一格的当代风采。在夜晚，从大街上可以看到剧院的门厅，纷纷而来的观众也让广场散发出活力。因为场地从前向后倾斜，贝尔克剧院的入口设在了正厅后座位置的高度，位于管弦乐队席位之上的一层。观众进入顶部设有巨大玻璃天窗的圆形门厅之后，可以向上或向下寻找自己的座位，从而减少通往上层的楼梯数量。

作为第一个实例，剧院本身很好地解释了什么是佩里-克拉克-佩里事务所剧院设计的标志：装饰性的声学顶棚。这种装饰华丽的顶棚在大剧院中曾经司空见惯，但随着风格的改变和先进音响和灯光系统的技术要求，它却从现代剧院设计中几乎消失。在夏洛特和随后的项目中，佩里-克拉克-佩里事务所在剧院设计中重新引入了气势恢宏的顶棚，为参加演出的人们创造了一个热情洋溢、充满激情的空间。那些精致的材料和精美的装饰，仿佛参加开幕演出之夜的观众身着的正装礼服。

要实现这一目标，就需要重大的技术创新。舞台灯光系统凹陷在装饰性的顶棚之上，隐藏于观众的视线之外。扬声器和具有声学作用的表面被声音穿透力极佳的织物掩盖。最后一个招牌动作就是当时属于新技术的光纤灯具（在后来的项目中采用了LED灯具），它们犹如宝石般的光芒为剧院增添了神秘和魔幻的气氛。

表演艺术中心狭长的场地对项目产生了意想不到的影响，最终却使项目受益。就贝尔克剧院来说，它的空间实体比例与建设场地本身相似，从而形成了一个鞋盒形状的大厅，这种结构造型有利于获得极佳的音响效果。对于布斯剧院，由于没有足够的空间设置临街的入口和门厅，设计师只好将它设计成与贝尔克剧院垂直的布局，从创始人大厅可以进入高达三层的剧院。高悬的玻璃大厅犹如布斯剧院的"门厅"，不但设有购物和餐饮区，并且可以方便地通往室内停车场。这不仅解决了布卢门撒尔的空间制约问题，还提供了本来没有可能出现的便利设施。

在表演艺术中心的外部，采用了与都市风貌共鸣的表面色调和造型结构。这样就同时统一和适应了周围和内部的各种条件和状况。正如前面提到的，贝尔克剧院恢宏的入口覆盖着精致的玻璃和金属幕墙，并呈弧形向外突出到大厦底部的广场。在另外两侧的立面，实际上也是整个街区的立面，都采用了不同材质和带有各式图案的砖结构墙壁，与内部井然有序的元素相对应，并影响着外部街道的生活环境。最为突出的元素是剧院和剧场舞台上方的空间，上面覆盖的五彩砖呈现出的菱形网格图案。它们衬托着一片水平带状砖墙，墙上开有尺寸不同的窗口，显示了它们所包含的功能。随着场地向学院大街方向向下倾斜，一个具有欢迎姿态的砖结构长廊形成了建筑的底部，不仅使人行道大为扩宽，还可以在那里观看位于剧场下面一系列排练室的内部情景。

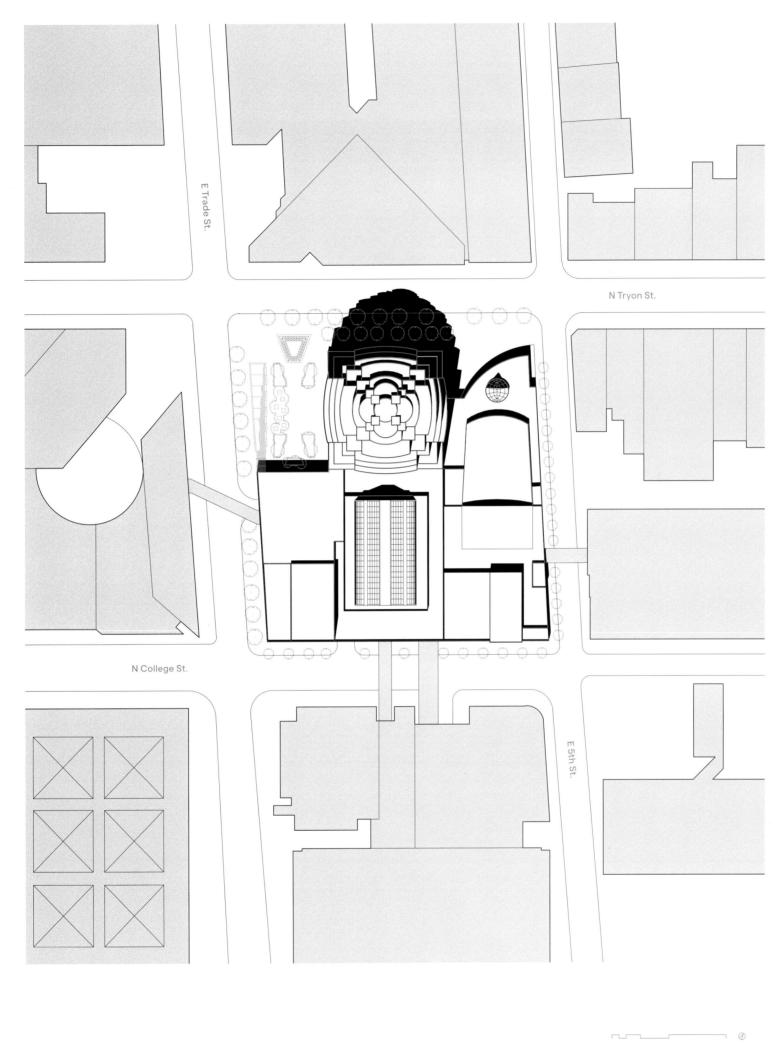

E Trade St.

N Tryon St.

N College St.

E 5th St.

0   75   150 Ft.

Belk Theater during a performance. Blumenthal Center was the first collaboration between PCPA, Theatre Projects, and Kirkegaard Associates, a team that would reunite for four subsequent performing arts centers. 演出进行中的贝尔克剧院。布卢门撒尔中心是佩里-克拉克-佩里事务所、剧院项目公司和科克加德联合设计室合作的第一个项目，这个团队在后来的四个观演建筑项目中再次进行了合作。

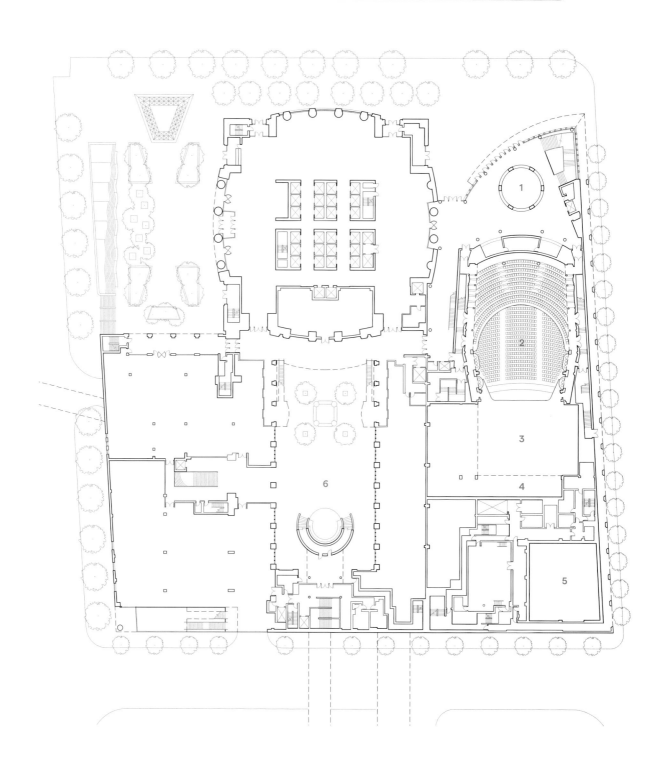

1.门厅 2.多功能大厅 3.舞台 4.音响反射板存放区 5.排练室 6.冬季花园

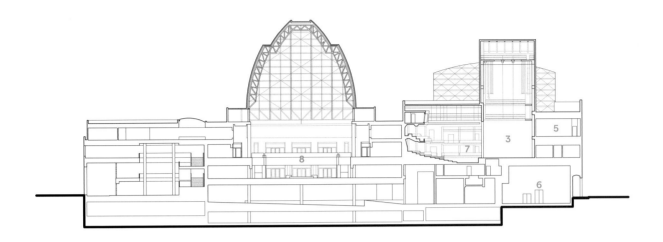

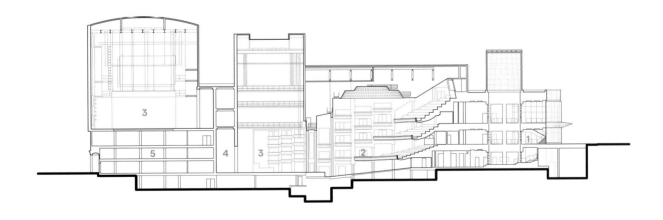

1.门厅 2.多功能大厅 3.舞台 4.音响反射板存放区 5.化装间 6.排练室 7.庭院剧场 8.冬季花园

0   30   60 Ft.

The ceiling of Belk Theater is a circular grid of fiber optic points of light. The lights can change colors as desired. In the decades before Blumenthal, theater-ceiling design had become neglected. The Belk Theater ceiling's combination of technical performance and architectural character was highly innovative. 贝尔克剧院顶棚上的光纤灯具构成了环形的网格图案，灯光的颜色可以根据需要进行改变。在布卢门撒尔中心出现之前的几十年里，剧院的顶棚设计一直被忽视。贝尔克剧院的顶棚设计将技术性能与建筑的特点结合在一起，具有高度的创新性。

观演建筑项目列表

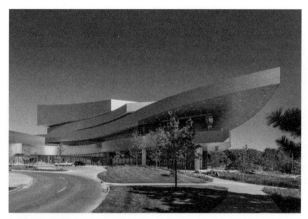

汉彻大礼堂

地点: 美国爱荷华州爱荷华市

年份: 2016年

客户: 爱荷华大学

面积: 187700平方英尺/17438平方米

座位: 1800

顾问成员

合作事务所: OPN建筑事务所

结构工程师: Thornton Tomasetti结构师事务所

机电工程: Alvine联合公司

声效设计: Kirkegaard 联合公司

剧院规划: 剧院项目咨询公司

灯光设计: CBBLD公司

景观建筑: Balmori联合事务所

设计团队

高级设计负责人: 西萨·佩里, 弗雷德·克拉克

设计主管: 米切尔·赫希

设计团队领导: 吉娜·纳莱希

高级设计师: 阿姆利特·皮洛

设计师: 凯瑟琳·哈普-迪南, 迪伦·哈莫斯, 蒂法尼·李·福

乔治·S. &多洛雷斯·多尔·艾克尔斯剧院

地点: 美国犹他州盐湖城市

年份: 2016年

客户: 盐湖城重建局

面积: 185000平方英尺/17187平方米

座位: 2500

顾问成员

合作事务所: HKS建筑事务所

结构工程师: Thornton Tomasetti结构师事务所；
Reavely工程师事务所

机电工程: Buro Happold工程顾问公司; BNA咨询公司;
Van Boerum&Frank联合公司

声效设计: Jaffe Holden声效设计公司

剧院规划: Fisher Dachs联合公司

灯光设计: CBBLD公司; BNA咨询工程师事务所

景观建筑: MGB+A The Grassli集团

设计团队

高级设计负责人: 西萨·佩里, 弗雷德·克拉克

设计主管: 米切尔·赫希

设计团队领导: 吉娜·纳莱希

设计师: 凯瑟琳·哈普-迪南, 克里斯蒂娜·法齐奥,
蒂法尼·李·福, 迪伦·哈莫斯, 卡尔·科尼尔斯

温特鲁斯特体育馆

地点: 美国伊利诺斯州芝加哥市

年份: 2017年

客户: 大都会码头和博览会管理局、德保罗大学

面积: 300000平方英尺/27871平方米

座位: 10600

顾问成员

总承包商: 克拉克建筑公司

建筑师、施工团队: Moody Nolan

副总建筑师: 交互设计建筑事务所

运动策划: AECOM

结构工程师: Thornton Tomasetti结构师事务所;
Stearn-Joglekar有限公司

工程管理: 环境系统设计有限公司

声效设计: WJHW公司

灯光设计: Milhouse工程和建设有限公司; BPI公司

景观建筑: Terry Guen设计联合公司

设计团队

高级设计负责人: 西萨·佩里, 弗雷德·克拉克

设计主管: 米切尔·赫希

设计团队领导: 吉娜·纳莱希

高级设计师: 阿姆利特·皮洛

设计师: 安德鲁·多姆尼茨, 克里斯蒂娜·法齐奥

多功能礼堂（竞标）

地点: 中国香港

年份: 2015年

客户: 香港科技大学

面积: 16000平方英尺/5000平方米

座位: 1000

顾问成员

合作事务所: P&T集团

结构工程师: P&T集团

机电工程: Buro Happold工程顾问公司

声效设计: Jaffe Holden声效设计公司

剧院规划: Fisher Dachs 联合公司

灯光设计: CBBLD公司

景观建筑: OJB 景观建筑事务所

成本顾问: Langdon and Seah公司

设计团队

高级设计负责人: 西萨·佩里, 弗雷德·克拉克

设计主管: 米切尔·赫希

设计团队领导: 吉娜·纳莱希

高级设计师: 阿姆利特·皮洛

项目经理: 戴夫·库恩

设计师: 戴维·迪亚兹, 瑞安·德席尔瓦, 斯蒂芬·马克纳马拉, 亚历克斯·斯泰格

戏剧学院

地点: 美国伊利诺斯州芝加哥市

年份: 2013年

客户: 德保罗大学

面积: 165000平方英尺/15329平方米

座位: 100

顾问成员

合作事务所: Cannon设计事务所

结构工程师: Thornton Tomasetti结构师事务所

机电工程: WMA顾问工程师事务所

声效设计: Kirkegaard联合公司

剧院规划: Schuler Shook公司

灯光设计: CBBLD公司

景观建筑: Hitchcock设计集团

设计团队

高级设计负责人: 西萨·佩里, 弗雷德·克拉克

设计主管: 米切尔·赫希

项目建筑师: 吉娜·纳莱希

高级设计师: 戴维·库恩

设计师: 凯瑟琳·哈普-迪南, 南浩晋, A.塔利·伯恩斯

圣凯瑟琳·德雷克塞尔教堂

地点: 美国路易斯安那州新奥尔良市

年份: 2012年

客户: 路易斯安那州泽维尔大学

面积: 12000平方英尺/1115平方米

座位: 主圣殿, 430; 日间礼拜堂, 40

顾问成员

合作事务所: Waggoner & Ball建筑事务所

结构工程师: Gibble Norden Champion Brown咨询工程师公司

机电工程: AltieriSeborWieber咨询工程师公司

声效设计: Akustiks声效设计公司

灯光设计: CBBLD公司

景观建筑: Luis Guevara 景观服务公司

设计团队

高级设计负责人: 西萨·佩里, 弗雷德·克拉克

设计主管: 米切尔·赫希

项目经理: 戴维·库恩

设计师: 亚历山德拉·克尼格·科夫纳特, 詹森·奥利尔, 吉娜·纳莱希

艺术与人文合作高中

地点: 美国康涅狄格州纽黑文市
年份: 2009年
客户: 纽黑文公立学校
面积: 140000平方英尺/13006平方米
座位: 350

顾问成员

结构工程师: GNCB咨询工程师公司
机电工程: AltieriSeborWieber咨询工程师公司
声效设计: Akustiks公司
剧院规划: 剧院项目咨询公司
灯光设计: CBBLD公司

设计团队

高级设计负责人: 西萨·佩里, 弗雷德·克拉克
设计团队领导: 安妮·海恩斯, 马克·海塞尔格拉夫
项目建筑师: 芭芭拉·恩德雷斯, 马克·麦克唐纳

BOK中心

地点: 美国俄克拉荷马州塔尔萨市
年份: 2008年
客户: 塔尔萨市
面积: 587000平方英尺/54534平方米
座位: 18000

顾问成员

合作事务所: Matrix AEP事务所; Odell事务所
结构工程师: Thornton Tomasetti结构师事务所
机电工程: Matrix AEP工程公司
碗状场馆规划: Odell事务所
灯光设计: BPI公司

设计团队

高级设计负责人: 西萨·佩里, 弗雷德·克拉克
设计主管: 米切尔·赫希
项目建筑师: 吉娜·纳莱希
设计师: 乔纳森·方丹

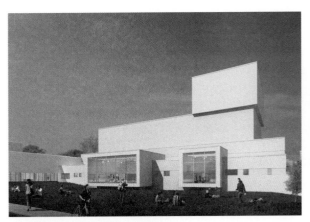

西伊利诺斯大学表演艺术中心

地点: 美国伊利诺斯州马克姆市

客户: 伊利诺斯州, 西伊利诺斯大学

面积: 126000平方英尺/11706平方米

座位: 1800

顾问成员

合作事务所: OWP/P事务所

结构工程师: Thornton Tomasetti结构师事务所

机电工程: AEI Affiliated工程师有限公司

声效设计: Kirkegaard联合公司

剧院规划: 剧院项目咨询公司

灯光设计: CBBLD公司

景观建筑: Hitchcock设计集团

设计团队

高级设计负责人: 西萨·佩里, 弗雷德·克拉克

设计主管: 米切尔·赫希

高级设计师: 戴夫·库恩, 吉娜·纳莱希

艾德里安·阿什特表演艺术中心

地点: 美国弗罗里达州迈阿密市

年份: 2006年

客户: 大都会戴德县

面积: 500000平方英尺/46452平方米

座位: 齐夫芭蕾舞歌剧院, 2480; 骑士音乐厅, 2200; 演播剧场: 200

顾问成员

合作事务所: A + S 事务所; Planners PA事务所

结构工程师: Ysrael A. Seinuk工程公司

机电工程: Cosentini联合公司

声效设计: Artec咨询有限公司

剧院规划: Fisher Dachs联合公司

灯光设计: BPI公司

景观建筑: Balmori联合公司

设计团队

高级设计负责人: 西萨·佩里, 弗雷德·克拉克

设计主管: 米切尔·赫希

项目经理: 菲利普·伯恩斯坦, 罗伯托·埃斯佩约, 西利亚·托什, 兰多夫·沃莱奈克, 拉塞尔·霍尔克姆, 费尔南多·帕斯托尔, 罗纳德·克莱马塔, 马克·海赛尔格雷夫, 罗伯特, 亨德里克森

建筑师管理: 戴维·米德尔顿

高级设计师: 彼得·福利特, 玛蒂娜·崔·林德, 安德鲁·尼哈特

设计师: 爱德华多·昆特罗, 米歇尔·斯泰德曼, 马克·麦克唐纳, 吉娜·纳莱希, 杰奎琳·佩雷兹, 迈克尔·希尔格曼, 罗伯特·纳莱希, 尼古丽塔·斯卡拉迪斯

室内设计师: 朱兰·迈耶斯

蕾妮&亨利·塞格尔斯特罗姆音乐厅和萨穆埃利剧院

地点：美国加利福尼亚州科斯塔梅萨市
年份：2006年
客户：O.C.P.A.C.
面积：290000平方英尺/26942平方米
座位：蕾妮和亨利·塞格尔斯特罗姆音乐厅，2000；萨穆埃利剧院，375

顾问成员

合作事务所：格伦联营事务所.
结构工程师：John A. Martin联合工程公司
机电工程：Arup公司
声效设计：Artec咨询有限公司
剧院规划：Artec咨询有限公司
灯光设计：CBBLD公司
景观建筑：Peter Walker联合景观设计事务所

设计团队

高级设计负责人：西萨·佩里，弗雷德·克拉克
设计主管：米切尔·赫希
设计团队领导：J. 邦顿
项目经理：约翰·阿皮塞拉，克里斯廷·霍金斯
高级设计师：洛里·博克，罗伯特·里卡尔迪
设计师：亚历桑德罗·沃瑟曼，爱德华多·昆特罗，艾米·乔·霍尔茨，吉娜·纳莱希
室内设计师：朱兰·迈耶斯

序曲艺术中心

地点：美国威斯康星州麦迪逊市
年份：2006年
客户：Pleasant T. Rowland基金会；Overture基金会
面积：388000平方英尺/36046平方米
座位：序曲大厅，2255；国会剧院，1089；地峡剧场，347；长廊大厅，180

顾问成员

合作事务所：Flad联合建筑事务所；Potter Lawson有限公司
结构工程师：Thornton Tomasetti结构师事务所
机电工程：AEI Affiliated工程师有限公司
声效设计：Kirkegaard联合公司
剧院规划：剧院项目咨询公司
灯光设计：CBBLD公司
景观建筑：保罗·S. 布特库斯

设计团队

高级设计负责人：西萨·佩里，弗雷德·克拉克
设计主管：威廉·巴特勒
项目经理：安妮·海恩斯
设计师：菲利普·尼尔森，彼得·黄，多米尼克·戴维森，卡拉·巴特尔特
室内设计师：朱兰·迈耶斯

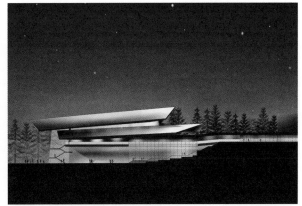

西九龙文化中心（竞标）

地点: 中国香港

年份: 2005年

客户: 亨德森土地开发有限公司

面积: 1080万平方英尺/100万平方米

座位: 歌剧院, 2120; 实验剧场, 108

顾问成员

合作事务所: Dennis Lau & Ng Chun Man事务所和工程有限公司

结构工程师: Leslie E. Robertson联营公司

机电工程: Meinhardt公司

声效设计: Kirkegaard 联合公司

剧院规划: Auerbach联合事务所

灯光设计: Brandston联合公司

设计团队

高级设计负责人: 西萨·佩里, 弗雷德·克拉克

设计主管: 格雷格·琼斯, 米切尔·赫希

设计团队领导: 罗博·纳莱希, 吉娜·纳莱希

高级设计师: 纳森·哈德利

设计师: 雷纳·阿米拉马赛比, 格雷厄姆·班克斯, 格雷格·比安卡迪, 约翰·布斯, 佩德罗·布鲁纳, 莱昂纳德·雷克普, 亚历桑德罗·沃瑟曼

莱昂内尔·汉普顿爵士乐中心

地点: 美国爱达荷州艾莫斯科市

年份: 2004年

客户: 爱达荷大学

面积: 78000平方英尺/23774平方米

座位: 800

顾问成员

结构工程师: KPFF咨询工程师公司

机电工程: AEI Affiliated工程师有限公司

声效设计: Artec咨询有限公司

剧院规划: 剧院项目咨询公司

灯光设计: CBBLD公司

景观建筑: Walker Macy事务所

成本顾问: DCI咨询公司

设计团队

高级设计负责人: 西萨·佩里, 弗雷德·克拉克

设计团队领导: 米切尔·赫希

高级设计师: 吉娜·纳莱希

设计师: 帕特里克·吉亚尼尼, 亚历桑德罗·沃瑟曼

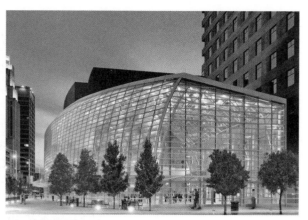

沃格尔斯坦戏剧与电影中心

地点: 美国纽约州波基普西市

年份: 2003年

客户: 瓦萨学院

面积: 54000平方英尺/5017平方米

座位: 罗森沃尔德影院, 217; 马特尔剧场, 330

顾问成员

结构工程师: Spiegel Zamecnik & Shah工程师有限公司

机电工程: R.G. Vanderweil公司

声效设计: Acentech公司

剧院规划: 剧院项目咨询公司

灯光设计: CBBLD公司

景观建筑: Balmori联合公司

设计团队

高级设计负责人: 西萨·佩里, 弗雷德·克拉克

助理设计主管: 增冈真理子

项目经理: 戴维·库恩, 弗雷德里克·唐, 洛里·博克

高级设计师: 马克·麦克唐纳

设计师: 西利亚·托什, 朱兰·迈耶斯

舒斯特表演艺术中心

地点: 美国俄亥俄州代顿市

年份: 2003年

客户: Second & Main有限责任公司

面积: 430000平方英尺/39948平方米

座位: 米德剧场, 2300; 马蒂尔剧院, 150

顾问成员

合作事务所: GBBN 建筑事务所

结构工程师: THP有限公司

机电工程: Heapy工程公司

声效设计: Jaffe Holden声效设计公司

剧院规划: 剧院项目咨询公司

灯光设计: CBBLD公司

景观建筑: Balmori联合公司

设计团队

高级设计负责人: 西萨·佩里, 弗雷德·克拉克

设计团队领导: 米切尔·赫希

高级设计师: 吉娜·纳莱希

设计师: 克里斯廷·霍金斯, 布鲁斯·戴维斯, J. 邦顿, 安德鲁·尼哈特, 亚历桑德罗·沃瑟曼, 奥拉夫·雷克滕瓦尔德, 马塞拉·斯塔登迈尔, 朴成贤

韦伯音乐厅

地点: 美国明尼苏达州德卢斯市

年份: 2002年

客户: 明尼苏达德卢斯大学

面积: 19000平方英尺/1765平方米

座位: 325

顾问成员

合作事务所: Stanius Johnson建筑事务所

结构工程师: Meyer Borgman Johnson公司

机电工程: Gausman & Moore联合公司

声效设计: Jaffe Holden声效设计公司

剧院规划: 剧院项目咨询公司

灯光设计: CBBLD公司

设计团队

高级设计负责人: 西萨·佩里, 弗雷德·克拉克

设计团队领导: 米切尔·赫希

高级设计师: 安妮·海恩斯

设计师: 吉娜·纳莱希, 奥拉夫·雷克滕瓦尔德

南岸剧院

地点: 美国加利福尼亚州科斯塔梅萨市

年份: 2002年

客户: 南岸剧院

面积: 31000平方英尺/2880平方米

座位: 塞格尔斯特罗姆剧院, 500; 朱莉安娜·阿吉罗斯剧院, 320

顾问成员

合作事务所: McLarand Vasquez Emsiek 联合有限公司

结构工程师: KPFF咨询工程师有限公司

机电工程: TK1SC公司

声效设计: Martin Newson联合公司

剧院规划: 剧院项目咨询公司

灯光设计: Ruzika公司

设计团队

高级设计负责人: 西萨·佩里, 弗雷德·克拉克

助理设计主管: 米切尔·赫希

设计团队领导: J. 邦顿

高级设计师: 罗伯特·里卡尔迪

设计师: 西利亚·托什

中部文化中心和博物馆

地点: 日本鸟取县仓吉市

年份: 2001年

客户: 鸟取县

面积: 215278平方英尺/20000平方米

座位: 交响乐厅, 1500; 多功能剧院, 300; 仓吉图书馆礼堂, 180

顾问成员

合作事务所: Daiken Sekkei有限公司; Jun Mitsui联合事务所

结构工程师: Daiken Sekkei有限公司

机电工程: Daiken Sekkei有限公司

声效设计: Nagata 声效设计公司

设计团队

高级设计负责人: 西萨·佩里, 弗雷德·克拉克

设计团队领导: J. 邦顿, 伊萨克·坎贝尔, 图兰·杜达

项目经理: 拉里·Ng

项目建筑师: 加布里埃尔·贝克尔曼, 马蒂亚斯·布斯纳利, 何塞·路易斯·卡贝罗, 艾玛·胡克威, 马拉·利伯曼, 玛蒂娜·崔·林德, 朱兰·迈耶斯

NHK大阪广播中心和大阪历史博物馆

地点: 日本大阪

年份: 2001年

客户: 鸟取县

面积: 958000平方英尺/86500平方米

座位: 1400

顾问成员

合作事务所: NS/NTT/CPA合资公司

结构工程师: Arup公司

声效设计: NHK工程服务有限公司

设计团队

高级设计负责人: 西萨·佩里, 弗雷德·克拉克

设计团队领导: 格雷格·琼斯

项目经理: 拉里·Ng

项目建筑师: 希瑟·科因, 塞缪尔·柯比, 佐藤隆博

高级设计师: J. 邦顿

巴克斯鲍姆艺术中心

地点: 美国爱荷华州格林内尔市

年份: 1998年

客户: 格林内尔学院

面积: 130000平方英尺/12077平方米

座位: 西布林-刘易斯演奏厅, 338; 弗拉纳根演播剧场, 126;
罗伯茨剧院, 450; 沃尔表演实验室, 72

顾问成员

结构工程师: Shuck-Britson有限公司

机电工程: KJWW工程公司

声效设计: Acentech有限公司

剧院规划: 剧院项目咨询公司

灯光设计: Brandston联合公司

景观建筑: Balmori 联合公司

设计团队

高级设计负责人: 西萨·佩里, 弗雷德·克拉克

设计团队领导: 劳拉·特林顿

项目经理: 达林·库克, 迈克尔·格林

双子塔国油管弦乐厅

地点: 马来西亚吉隆坡

年份: 1998年

客户: KLCC 房地产股份有限公司

面积: 28000平方英尺/2600平方米

座位: 863

顾问成员

合作事务所: KLCC Projects SDN. Bhd.建筑事务所

结构工程师: Thornton Tomasetti结构师事务所

机电工程: KTA Tenaga Sdn. Bhd公司

声效设计: Kirkegaard联合公司

剧院规划: 剧院项目咨询公司

灯光设计: BPI公司

设计团队

高级设计负责人: 西萨·佩里, 弗雷德·克拉克

项目总监: 乔恩·皮卡德

高级设计师: 米切尔·赫希

设计师: 基斯·科罗拉克, 彼得·福利特, 约翰·阿皮塞拉

阿罗诺夫艺术中心

地点: 美国俄亥俄州辛辛那提市

年份: 1995年

客户: 辛辛那提艺术协会, 俄亥俄州建筑管理局

面积: 215000平方英尺/19974平方米

座位: 宝洁大厅, 2700; 贾森-卡普兰剧院, 440;

五三银行剧院, 150

顾问成员

合作事务所: GBBN建筑事务所

结构工程师: THP有限公司

机电工程: Byers工程公司

声效设计: Kirkegaard联合公司

剧院规划: 剧院项目咨询公司

灯光设计: 剧院项目咨询公司

景观建筑: Balmori 联合公司

设计团队

高级设计负责人: 西萨·佩里, 弗雷德·克拉克

设计团队领导: 米切尔·赫希

高级设计师: 帕特里西亚·麦克杜格尔

设计师: 基斯·科罗拉克, J. 邦顿, 小泽青彦

室内设计师: 朱兰·迈耶斯

布卢门撒尔表演艺术中心

地点: 美国北卡罗来纳州夏洛特市

年份: 1992年

客户: 北卡罗莱纳表演艺术中心

面积: 190000平方英尺/17652平方米

座位: 贝尔克剧院, 2100; 博思剧场, 450

顾问成员

合作事务所: Middleton McMillan建筑事务所;

Morris建筑事务所

结构工程师: Walter P. Moore联合公司

机电工程: CHP联合工程公司

声效设计: Kirkegaard联合公司

剧院规划: 剧院项目咨询公司

灯光设计: 剧院项目咨询公司

景观建筑: Balmori联合公司

设计团队

高级设计负责人: 西萨·佩里, 弗雷德·克拉克

设计团队领导: 米切尔·赫希

设计师: 基斯·科罗拉克, 渡边二宫, 巴巴拉·恩德雷斯,

米哈利·图尔布茨, 玛格丽塔·麦克格拉斯,

苏珊娜·佛朗哥·米切尔

项目类型

项目名称	多功能场馆	多功能大厅	音乐厅	芭蕾舞歌剧院	庭院剧场
汉彻大礼堂		■			
乔治·S.&多洛雷斯·多尔·艾克尔斯剧院		■			
温特鲁斯特竞技馆	■				
多功能礼堂		■			
戏剧学院					
圣·凯瑟琳·德雷克塞尔教堂					
纽黑文艺术名流高中		■			
BOK中心	■				
西伊利诺斯大学表演艺术中心		■			
艾德里安·阿什特表演艺术中心			■	■	
蕾妮&亨利·塞格尔斯特罗姆音乐厅和萨穆埃利剧院			■		
序曲艺术中心		■			■
西九龙文化中心		■		■	
莱昂内尔·汉普顿爵士乐中心		■			
沃格尔斯坦戏剧与电影中心					■
舒斯特表演艺术中心		■			
韦伯音乐厅			■		
南岸剧院					■
中部文化中心和博物馆		■			■
NHK大阪广播中心和大阪历史博物馆		■			
巴克斯鲍姆艺术中心		■			
双子塔国油管弦乐厅			■		
阿罗诺夫艺术中心		■			■
布卢门撒尔表演艺术中心		■			■

西萨·佩里与佩里-克拉克-佩里建筑事务所

西萨·佩里

西萨·佩里出生于阿根廷，并在那里获得了图库曼大学的建筑专业毕业证书。在埃罗·沙里宁的事务所里，他开始了第一份工作。作为项目设计师参与了众多的建筑项目，包括纽约肯尼迪机场的TWA航站楼和耶鲁大学的莫尔斯和斯泰尔斯学院。见习期结束之后，他出任了DMJM的设计主任，随后又成为格伦联合事务所的设计合伙人，这两家事务所都在洛杉矶。在那些年，他设计了很多获奖项目，诸如加州圣贝纳迪诺的市政厅、洛杉矶的太平洋设计中心以及日本东京的美国驻日大使馆。

1977年，佩里先生担任了耶鲁大学建筑学院的院长，并创立了西萨·佩里建筑事务所。他于1984年辞去了院长一职，但是继续讲授建筑学的课程。自从建立了事务所，佩里先生便与主要的负责人一起创作并指导每一个项目。2005年，事务所更名为佩里-克拉克-佩里建筑事务所，体现了事务所主要负责人发挥的作用日益重要。

佩里先生极力避免带有形式主义偏见的设计。他认为建筑应该对市民负责，建筑的美学品质应该来自于每一个项目的具体特点，比如它的位置、施工技术和它的用途。为了寻求对每一个项目采取最为恰当的表现方式，他的设计涵盖了范围广泛的解决方案和材料运用。

佩里先生撰写了大量关于建筑问题的文章和著作。1999年，他撰写了《年轻建筑师的观察力》一书，并由莫纳塞利出版社出版。他的作品也不断地被发表和展出，一共有9本书籍和众多的专业刊物刊登了他的设计和理论。他一共获得了13项荣誉学位，以卓越的设计荣膺了300多项大奖。他还是美国建筑师协会、美国艺术暨文学学会、国家设计学会、国际建筑学会和法国建筑学会的成员。

1995年，美国建筑师协会为佩里先生颁发了金质奖章，他一生在建筑领域的杰出成就得到了认可。2004年，凭借马来西亚吉隆坡双子塔的设计，佩里先生获得了阿卡汗建筑奖。

佩里-克拉克-佩里事务所

从纽约的世界金融中心到马来西亚的双子塔，再到香港的国际金融中心，佩里-克拉克-佩里事务所已经设计了众多世界级项目。事务所的业务范围包括零售和多用途项目、教学楼、图书馆、博物馆、研究中心、住宅和总体规划等。他们与私人客户、企业、社会团体和政府机构也进行了广泛的合作。佩里-克拉克-佩里事务所获得了无数的好评和数百项设计大奖，其中包括美国建筑师学会颁发的事务所大奖，这代表着建筑行业的最高荣誉。1995年，该学会授予西萨·佩里金质奖章，这也是个人的最高荣誉。2004年，凭借着双子塔的成功，事务所获得了阿卡汗建筑奖。

弗雷德·W.克拉克

高级负责人

1977年，当西萨·佩里担任耶鲁大学建筑学院院长的时候，弗雷德·克拉克与他在纽黑文共同创建了建筑事务所。他们在1969年相遇，那时弗雷德还是奥斯汀的德克萨斯大学的学生。1970年大学毕业之后，他加入了洛杉矶的格伦联合事务所，而西萨也是这家事务所的设计合伙人。

作为高级设计负责人，弗雷德共同指导了纽黑文和亚洲工作室的实施项目。在他的领导下，事务所已经设计并建造了面积超过1亿平方英尺的各类建筑，从定义天际线的高楼大厦到定义社区的文化机构应有尽有。

克拉克先生的观演建筑项目包括迈阿密-戴德县艾德里安·阿什特表演艺术中心、威斯康星州麦迪逊的序曲艺术中心、加州科斯塔梅萨奥兰治县表演艺术中心的蕾妮和亨利·塞格尔斯特罗姆音乐厅和萨穆埃利剧院，还有爱荷华州格林内尔学院的巴克斯鲍姆艺术中心。

弗雷德还是一位长期的职业教师和作家，在耶鲁大学和莱斯大学以及洛杉矶的加利福尼亚大学任教。他还发表了大量的著作，内容涉及城市复兴、可持续性发展、公共艺术与建筑和高层建筑等领域。弗雷德还在世界范围内的很多专业组织担任设计评委的工作。

弗雷德·克拉克认为，对于人类和我们建造的城市，建筑师肩负着巨大的社会责任。新的建筑应该成为"优秀的公民"，牢固地扎根于它们所处的环境，并为它们的社区带来更大的利益。

拉斐尔·佩里

高级负责人

拉斐尔·佩里是佩里-克拉克-佩里建筑事务所的合伙人，并在建于2000年的纽约分部指导工作。他参与并指导了事务所一些在纽约实施项目的设计工作，例如彭博大厦，这是一个位于市中心的多用途高层建筑，其中不仅有彭博资讯的总部，还设有"灯塔庭院"住宅公寓。佩里先生是世界金融中心重建项目的设计者，布鲁克林的西奥多·罗斯福美国法院大楼的首席设计师。他还是炮台公园城的索里拉、维尔德西亚和维森内尔三座高层公寓的设计者。

佩里先生一直注重在作品中融入可持续性设计，并在这一领域取得了重大成就。2004年，索里拉公寓获得了LEED颁发的金牌认证，成为美国第一个绿色环保的高层住宅。2005年完工的维尔德西亚公寓是纽约市第一个获得LEED白金认证的建筑，也是美国第一个获得该认证的高层住宅。维森内尔公寓也获得了LEED白金认证，并于2008年在纽约的绿色建筑大赛中获得了最高荣誉。

在纽约之外，佩里先生负责监督了很多教学大楼项目的实施。其中包括获得了LEED白金认证的伊利诺斯大学香槟分校的商学院教学设施，还有新泽西州普林斯顿高级研究所的西蒙斯系统分子中心。他还参与了耶鲁大学的丹尼尔·L.马隆工程中心、芝加哥大学和莱斯大学的项目。

佩里先生还曾经为纽约绿色代码气候调节工作委员会和特纳建筑公司的绿色顾问委员会工作过。目前，他是萨尔瓦多里中心董事会的成员，这是一个为教育工作者提供教授建筑环境所必须的工具和资源的非营利组织。

佩里先生广泛宣传事务所对可持续性建筑设计的承诺，其内容被PBS拍摄成一集收入到系列纪录片《设计e2》之中。

威廉·E. 巴特勒

负责人

比尔·巴特勒于1979年加入事务所。作为主管负责人，他的工作主管范围包括公共机构和商业客户的建筑，以及校园和商业开发的总体规划。他领导了事务所很多大的文化项目，例如威斯康星州麦迪逊市的序曲艺术中心和明尼阿波利斯市的中央图书馆。

在序曲艺术中心的项目中，佩里作为主管负责人与高级设计负责人西萨·佩里、弗雷德·克拉克共同领导了设计工作。

他还从事了很多重要的教育项目工作，诸如新加坡的耶鲁—新加坡国立大学的校园、奥斯汀德克萨斯大学的比尔和美琳达·盖茨计算机科学综合大楼、奥斯汀德克萨斯大学的莎拉·M. & 查尔斯·E. 西伊大楼、康涅狄格州哈特福德三一学院的数学、计算机和工程中心以及莱斯大学的赫林大厅。此外，他还领导了奥斯汀德克萨斯大学、圣安东尼奥的德克萨斯大学分校、南方卫理公会大学的梅多斯艺术学院、莱斯大学以及中国上海的紫竹教育中心等项目的总体规划。

巴特勒先生的工作涉及到众多的项目领域，包括总体规划、办公楼和总部大厦、住宅和教育设施等。他最为著名的项目有中国上海的又一城、西班牙塞维利亚的托雷·塞维利亚和英国利物浦的园西大厦。

戴维·陈

负责人

拥有耶鲁大学的文学学士和建筑学硕士学位的戴维·陈于1982年成为事务所的一员。他的工作范围包括各种大厦、大规模商业开发和高等教育项目。

陈先生领导了很多亚洲的高层大厦和多用途开发项目。目前的项目包括泰康保险公司的北京总部大楼、高达450米的多用途大厦——光汇石油深圳总部、香港北角地区的精品办公大楼KWR、位于广州的带有零售综合区的办公大楼——宝钢广州大厦，以及中国宁波覆盖12个地块，包括各种办公、零售和娱乐设施的宁波新东镇总体规划方案。

新近完成的项目主要有位于胡志明市的越南最大的上市银行——越南外贸银行的总部大楼；联想控股的子公司——融科资讯的北京总部大楼；位于北京中央商务区的世界金融中心，这是一个总面积达到24万平方米的双塔结构大厦；由三座大厦构成的上海国际金融中心，它是一个大型多用途开发项目，包括汇丰银行的总部、购物中心和一个公共广场；日本桥三井大厦和东京文华东方酒店，这也是三井银行的第三座总部综合大厦；东京新宿区的NTT地区总部大楼。

除了负责设计工作之外，陈先生还在事务所的计算机系统、局域网和互联网战略的发展中起到了积极的促进作用。他在耶鲁大学的建筑学院进行这些科目的讲座。

米切尔·A.赫希
负责人

　　1980年加入事务所的米切尔·赫希，带领设计团队参与了事务所几乎全部的观演建筑项目和一些大厦及总体规划工作。

　　25年前，从北卡罗莱纳的布卢门撒尔表演艺术中心开始，赫希先生已经指导设计团队进行了十多个表演艺术和活动中心项目的设计工作。他目前的工作包括温特鲁斯特竞技馆，这是芝加哥标志性的会议中心的新增建筑；即将出现在犹他州盐湖城艺术城区的观演建筑——乔治·S和多洛雷斯·多尔·艾克尔斯剧院；爱荷华大学的汉彻大礼堂，它是该州重建的一流表演艺术场馆。

　　作为主管负责人，赫希先生还参与了很多其他的项目，例如芝加哥德保罗大学校区通往林肯公园的门户——戏剧学院；路易斯安那州新奥尔良泽维尔大学的圣凯瑟琳·德雷克塞尔教堂；加利福尼亚州科斯塔梅萨的蕾妮和亨利·塞格尔斯特罗姆音乐厅；俄克拉荷马州塔尔萨的可以容纳1.8万名观众的体育和娱乐场馆——BOK中心；俄亥俄州代顿市的舒斯特表演艺术中心；加州科斯塔梅萨的南岸剧院；伊利诺斯州马克姆市西伊利诺斯大学的表演艺术中心。

　　赫希先生领导了事务所最大的文化项目——迈阿密-戴德县的艾德里安·阿什特表演艺术中心，这也是美国三十年来建造的最大的观演建筑。他还带领设计团队进行了将阿什特中心邻近区域开发成文化娱乐城区的总体规划。

　　他还是一些商业项目的主管负责人，其中包括大阪的Abeno Harukas大厦；东京的ARK Hills Sengokuyama Mori大厦；墨西哥城Mítikah多功能开发项目中一个由佩里-克拉克-佩里事务所设计的标志性的大厦。此外，他还领导了上海文华东方酒店项目的设计团队。

　　赫希先生的工作还包括两个高等教育项目，它们分别是杜克大学中部校区和新艺术综合大楼的总体规划，以及明尼苏达州德卢斯大学的韦伯音乐厅。目前，他正在领导田纳西州纳什维尔的范德比尔特大学的总体规划工作。作为佩里-克拉克-佩里事务所的高级设计师，他也参与了众多早期的项目，其中包括历史悠久的纽约卡耐基音乐厅上面高达60层的卡耐基大厅大厦。还有纽约世界金融中心的冬季花园。

　　赫希先生在耶鲁大学讲授建筑学的课程，同时也是几所建筑学院的客座评论家。他拥有耶鲁大学的建筑硕士学位和利哈伊大学的文学学士学位。

格雷格·琼斯
负责人

　　格雷格·琼斯于1979年加入事务所，主管负责了众多的总部、高层办公楼、住宅、酒店和大规模、多用途的开发项目。

　　琼斯先生是德克萨斯州达拉斯的麦金利&奥利佛多功能大厦项目的主管负责人；佛罗里达迈阿密阳光岛海滩的豪华公寓——阿玛尼公寓项目的负责人。另外，他目前正带领设计团队致力于墨西哥圣佩德罗的两个项目：索菲亚办公及豪华住宅大楼和阿尔博莱达项目。后者包括一个面积为11公顷的都市村庄的总体规划，以及住宅和办公大楼、两个直列的零售商场裙楼、步行拱廊和开放式中央公园的设计工作。

　　他也是波特-诺瓦-加里波蒂项目的主管负责人。该项目包括位于米兰市中心北部的开发区总体规划，以及三座主要的办公大楼、一个零售商场裙楼和一个新广场的设计工作。开发区内标志性的办公大楼是意大利最高的建筑。

　　琼斯先生担任过上海徐家汇中心的国际金融中心大厦项目的主管负责人。他还领导了众多项目的设计团队，包括香港最高建筑——国际金融中心、NHK大阪广播中心、大阪历史博物馆，包括东京的森林住宅大楼和"森"办公大楼在内的爱宕绿山项目，还有东京的NTT公司总部和展示大厅项目。

　　他过去的主要项目有拉斯维加斯的艾利亚赌场度假酒店，包括4000个房间、一个会议中心和剧场、赌场及餐厅。艾利亚酒店也是美国最大的私营开发区——城市中心的核心建筑。他还领导了纽约第五大道516号酒店和住宅、泽西城哈德逊大街30号办公大楼、休斯顿路易斯安那1500号办公大楼、芝加哥西麦迪逊181号办公大楼和洛杉矶777大厦等项目的设计团队。

　　琼斯先生是高层建筑和城市住宅委员会和美国土木工程师协会高层建筑委员会顾问理事会的特邀成员。他在天普大学讲授综合设计课程并进行各种讲座，也是该校的客座设计评委。同时，他也在耶鲁大学和哈佛大学进行讲座并出任客座设计评委。最近，他还在达拉斯艺术建筑博物馆论坛和外观立面+专题研讨会上发表了演讲。

　　他曾以优异的成绩获得了天普大学的结构/土木工程副学士学位和建筑科学学士学位，以及耶鲁大学的建筑硕士学位。

増冈真理子
负责人

增冈真理子于1980年进入事务所，并成为学术项目、大规模市政项目、多功能商业开发项目和总体规划的主管负责人。

真理子女士的学术项目主要包括沃格尔斯坦戏剧与电影中心，它是瓦萨学院的教室和表演艺术中心，并融合了原有剧院的古旧立面；新加坡耶鲁国立大学的数学大楼和高级研究所的报告厅、俄亥俄州立大学的化学与双分子工程和化学大楼、耶鲁大学的生物大楼、耶鲁大学的丹尼尔·L.马隆工程中心，这也是耶鲁大学第一个获得LEED金奖的建筑。

目前，她正带领设计团队忙于68-74特尼蒂广场项目，其中包括一个历史悠久的教会办公楼的裙楼和一个办公大楼以及各种规划。她已经领导设计团队完成了康涅狄格科学中心的项目，这个位于哈特福德的滨河科学博物馆获得了LEED的金奖。此外还有纽约布鲁克林的西奥多·罗斯福美国法院大楼，其内部共有23间法庭和审判室；纽约州长岛市高达42层的住宅大楼——"君临酒店"的城市之光公寓和康涅狄格州纽黑文的办公大楼——世纪大厦。

真理子女士还指导团队完成了很多项目的总体规划，例如中国无锡的金贵里大规模多用途开发项目，其中的一些建筑是由佩里-克拉克-佩里事务所设计的；伦敦金丝雀码头金融城的苍鹭港；波士顿的扇形码头开发区；洛杉矶的普拉亚维斯塔开发区。此外，她还是哈特福德大学、世界金融中心和克利夫兰医学中心等项目的景观设计师。

马克·休梅克
负责人

1981年加入事务所的马克·休梅克，已经领导了众多商业、医疗、交通和研究项目的设计工作。

休梅克先生拥有丰富的办公大楼项目经验，其中包括宾夕法尼亚州费城西南部的FMC大厦，这是一座集办公、住宅和零售于一体的多功能建筑；中国上海的华能总部大楼和宝钢总部大厦；弗吉尼亚州阿灵顿市水晶城区的第23街223号的办公/住宅项目；费城的西拉中心项目，其中包括一个大型的美国铁路枢纽——第30大街站；731莱克星顿项目，其中包括彭博资讯的纽约总部；香港长江集团中心和纽约的世界金融中心。他还领导了很多项目设计团队的工作，诸如日本东京NTT总部行政楼层的内部和两座办公大楼的设计，其中有一座是对旧建筑的翻建；华盛顿特区的投资大厦和俄亥俄州克利夫兰的金钥中心。除此之外，他的项目还有俄亥俄州托莱多市的欧文斯·科宁世界总部，该项目采用了可持续性设计策略，比LEED评级体系的建立还要早，因此获得了LEED的银奖评级。

他还带领设计团队完成了众多著名的医院和医学研究机构项目。例如纽约斯托尼布鲁克大学的医学和研究转化大楼；费城儿童医院的高级儿科血栓闭塞性脉管炎护理中心；卡塔尔多哈的锡德拉医学研究中心；明尼苏达州罗彻斯特市梅奥诊所的冈达实践综合大楼；伊利诺斯州帕克里奇市路德教会通用医疗体系的维克多·亚克曼儿童病房；德克萨斯州休斯顿市德克萨斯医疗中心的圣卢克医疗大楼。他的公共机构项目还有休斯顿大学的科学与工程研究和教室综合大楼以及马里兰州国家港的儿童博物馆。

休梅克先生是跨海湾运输中心项目的主管负责人，这个位于旧金山的多模式运输中心面积几乎达到了140万平方米，它将成为美国的第一个高速铁路车站。他领导的设计团队还完成了三个机场项目，分别是新奥尔良新建的路易斯·阿姆斯特朗国际机场；温尼伯·詹姆斯·阿姆斯特朗·理查德森国际机场的新航站楼，这也是加拿大第一个独立式的机场建筑，为此获得了LEED的认证；还有屡获大奖的华盛顿特区里根国家机场的北航站楼。

休梅克先生是普拉特学院的客座教授，也是麻省理工学院和宾夕法尼亚大学的讲师。他拥有佐治亚理工学院的建筑研究科学学士学位，其中包括一年在巴黎美术学院的学习经历。随后获得了宾夕法尼亚大学的建筑硕士学位。

致谢

感谢那些参与本书所展示项目的全体合作事务所和顾问人员，尤其是那些给我们留下美妙印象的剧院规划和音效设计同行。同时也要感谢对我们信任并带给我们机会的客户。

在此特别感谢：

泰德·怀特恩，是你用生动的语言和表达能力将我们的思想转变成引人入胜的文字。

来自五角设计公司的卢克·海曼和秋山重人，你们设计了这部令我们引以为豪的图书，感激你们的耐心和对我们意见的倾听。

理查德·皮尔布罗、拉里·科克加德、约翰·卡伯特和查尔斯·斯旺森，感谢你们奉献的文章和肺腑之言。

珍妮特·约德，是你的亲和、耐心和坚持不懈使本书顺利完成。

阿姆利特·皮洛，你用技术专长和协调专注的工作态度为本书绘制了详细的图纸。

扎克·祖伯尔-詹德尔，你考证并组织了大量的细节，为本书提供了相近的附属资料。

最后，更要感谢翻阅本书的读者，希望你们能够从中得到启发和灵感。

——西萨·佩里，弗雷德·克拉克，米奇·赫希

图片版权信息

Jeff Goldberg/ESTO
44, 48, 50 (top), 50
(bottom), 52, 53, 54, 56,
58, 59, 60, 61, 62, 66,
70, 71, 72, 75, 76, 78, 79,
80, 82, 92, 94, 95, 102,
116, 121, 122, 124, 126,
128, 129, 130, 132, 133,
134, 138, 142, 144, 147,
148, 150, 154, 158, 160,
161, 164, 166, 186, 190,
192, 194, 195, 196, 197,
198, 199, 200, 203, 204,
206, 210, 214, 215, 217,
218, 220, 222, 224, 225,
228, 234, 238, 242,
245, 246, 250, 254, 258,
260, 264, 270 (top),
270 (bottom), 285 (left),
285 (right), 287 (left),
287 (right), 288 (left),
288 (right), 289 (right),
290 (right), 291 (right),
292 (right), 293 (left),
293 (right), 294 (left),
295 (right), 296 (left)

Courtesy of PCPA
12 (top), 12 (bottom),
15 (top), 15 (bottom left),
15 (bottom right),
16 (top), 16 (bottom), 17,
22 (top), 22 (bottom
left), 22 (bottom right),
26, 30, 36, 37, 47, 51, 55,
69, 74, 81, 89, 91, 96, 97,
119, 120, 141, 143, 146,
157, 162, 163, 173, 178,
179, 189, 193, 202, 207,
213, 216, 219, 231, 232,
233, 241, 243, 244, 253,
256, 257, 267, 268,
269, 271, 277, 280, 281,
289 (left), 291 (left),
292 (left), 294 (right)

Steelblue
86, 90, 98, 100, 109, 110,
111, 286 (left)

BezierCG
106, 112, 113

Tim Hursley
170, 174, 176, 180, 182,
183, 274, 290 (left),
295 (left), 296 (right)

Keith Krolak
262

J. Miles Wolf
268, 269

Roger Ball
278